水利工程规划与设计研究

文坛花　郝永怀　著

U0320389

吉林科学技术出版社

图书在版编目（CIP）数据

水利工程规划与设计研究 / 文坛花，郝永怀著.
长春：吉林科学技术出版社，2024. 6. -- ISBN 978-7
-5744-1424-2

Ⅰ. TV212；TV222

中国国家版本馆 CIP 数据核字第 2024419VW6 号

水利工程规划与设计研究

著	文坛花　郝永怀	
出 版 人	宛 霞	
责任编辑	靳雅帅	
封面设计	树人教育	
制　 版	树人教育	
幅面尺寸	185mm×260mm	
开　 本	16	
字　 数	250 千字	
印　 张	11.5	
印　 数	1~1500 册	
版　 次	2024 年 6 月第 1 版	
印　 次	2024 年 10 月第 1 次印刷	

出　 版	吉林科学技术出版社	
发　 行	吉林科学技术出版社	
地　 址	长春市福祉大路5788 号出版大厦A 座	
邮　 编	130118	
发行部电话/传真	0431-81629529 81629530 81629531	
	81629532 81629533 81629534	
储运部电话	0431-86059116	
编辑部电话	0431-81629510	
印　 刷	廊坊市印艺阁数字科技有限公司	

书　 号	ISBN 978-7-5744-1424-2	
定　 价	70.00元	

前　言

　　随着我国经济的高速发展和人们生活质量的不断提高，人们对水利工程建设的要求也越来越高。水利工程是我国民生事业的基础，而水利工程设计方案则为工程施工建设工作提供了方案指导，设计方案的科学性与合理性自然也就影响工程最终的质量和价值。因此，水利工程建设不仅要注重工程建设质量，同时还对水利工程设计等方面提出了更高的要求。现代水利工程设计应注重生态、环保，追求人与自然的和谐统一，应真正体现以人为本、人与自然和谐共处的设计理念。

　　水利工程规划设计是整个水利工程建设工作中的重点，是保证水利工程设计合理、施工有序、管理有效的基本保障。伴随我们国家经济飞速提升，水利事业与以往相比进步也非常显著，在这里面水利工程越发成为人们热议的话题，对国民经济与社会发展亦有着深远的影响。想要大规模地破土动工，就需要将建设速度提升上去，而这很大程度上取决于规划设计成效如何，另外对于国家与政府投入资金也提出了较高的要求，同一时间相关决策部门也应当出台一系列正确决策。本书在此基础上，对水利建设工程规划与设计进行研究，希望对相关工作者能有所帮助。

目　录

第一章　绪论

第一节　水文化

一、水文化释义

水文化的概念众说纷纭，国际上对水文化的理解也略有不同，在国际上水文化主要可概括以下几方面：

一是有关于水与人类文明形成的联系，水在人类文明发展过程中所起的作用，即水的文明史、利用史；二是世界不同民族和国家，不同文化背景的人们对水的观念和认识、利用水资源的社会规范及行为模式等文化要素；三是人类在改造水环境的过程中，形成的具有文化内涵的物质结果；四是当代人类的水文化价值观、使用和管理水的行为模式及相关社会规范等等。

20世纪80年代，水文化作为一个独立的个体新概念出现。因为水文化是很难定义的概念，目前在大量的与水文化有关的文献中对水文化概念的解释也有许多说法，但并没有一个公认的权威的概念，现将有关水文化的概念比较集中的说法列举如下：

水文化是人类创造的与水有关的科学、艺术及意识形态在内的精神产品和物质产品的总和。

水文化是社会文化的重要组成部分，是有关于水与人、水与社会之间的关系的文化。

水文化是指人类社会历史实践过程中，与水发生关系所产生的、以水为载体的各种文化现象的总和。它涵盖了水利物质文化、水利精神文化和水利制度文化，因此水文化的实质是人类与水关系的文化。

我们所研究的水文化是指广义的水文化，指人类社会历史实践过程中所创造的与水有关的一切精神财富和物质财富的总和。

二、水文化表现形态

水是人类文明的源泉。从一定意义上说，中华民族悠久的文明史就是一部兴水利、除水害的历史。在长期实践中，中华民族形成了独特丰富的水文化。

水文化是中华文化和民族精神的重要组成部分，也是实现又好又快发展的重要支撑。按照表现形态，大致可分为三类：

一是物质形态的水文化。主要包括被改造的河流湖泊、水工技术、治水工具、水利工程等。从都江堰、灵渠、京杭大运河、郑国渠等古代水利工程，到三峡、小浪底、南水北调、黄河标准化堤防等现代水利工程，所有水利工程的设计、施工、造型、工艺和作用，都凝聚着不同时代人们的文化创造。

二是制度形态的水文化。包括与水有关的法律法规、风俗习惯、宗教仪式及社会组织。从西汉的《水令》，到今天以《水法》为代表的一系列水利法律法规，都反映了不同时代的社会关系、生产方式、行为准则和制度模式。

三是精神形态的水文化。包括与水有关的思想意识、价值观念、行业精神、科学著作以及文学艺术等。如天人合一、人水和谐的思维方式，水能载舟、亦能覆舟的政治智慧，水善利万物而不争的道德情操，以及以水为题材创作的大量神话传说、诗词歌赋、音乐戏曲、绘画摄影、科学著述等，这些内涵丰富的精神产品，都是中华民族特有的文化瑰宝。

三、水文化特征分析

1. 广泛的社会性

水文化的社会性主要是因为水与社会生活的各个方面都有紧密的联系。水孕育着、传承着人类社会的文明，水制约着人类社会的发展，水触及人们社会生活的方方面面，社会生活中的时时刻刻也都有水的印迹。古语云"仁者乐山，智者乐水"，其反映了水与人品德的关系，水与文学艺术、人们的衣、食、住、行等方方面面都有不可分割的密切关系，所以水文化影响着人们生活的方方面面，水文化同时还影响着其他文化的发展，体现在社会活动的方方面面。

2. 鲜明的时空性

水文化是人类在长期的历史发展过程中在特定的自然环境作用的基础之上共生出来的一种文化类型。水文化是历史沉淀的结果，具有鲜明的时代烙印，不同时期的水文化能够反映出不同时期的政治、经济等社会因素。因此，水文化是在某一特定的区域空间、某一特定的时期与自然环境相互联系作用所形成的文化，具有鲜明的地域性及时间性的特征。

3. 文化的传承性

水文化传承了中华民族的传统文化，是祖祖辈辈相传的文化。在一定历史时期内具有一定的惯性和稳定性。人们的治水、咏水及用水等其他涉水活动是形成水文化的源泉。优秀的、卓越的水文化不仅有利于社会的全面发展，同时也得到了社会的广泛认可，代代相传。水文化具有相对独立性及固守性的特点，是一个地域，一个民族所特有的文化，在不同地域，不同时期的水文化在内容和形式上虽然有所差异，但人们始终沿袭着水文化，并将继续将其传承下去。

4.内容的广博性

水文化的内容广博而丰富，是一种较大的文化体系，既有表层的景观水文化也有中层的行为水文化以及深层的心理水文化。从古至今的水利工程都具有大量的人文历史文化资源，如地域习俗、民居建筑、民间神话及传说、名人故事等等，对水文化的深入研究，是将特定区域空间内的历史文化与水文化的融合渗透，并且具有丰富的表现形式。丰厚的内涵、多样的表达增加了水文化涵盖的内容，扩大了水文化的覆盖宽度，拓宽了水文化内容的延伸长度，赋予水文化广博丰富的内容。

从文化形态上看，水文化表现为物质文化（物态文化）和精神文化（非物态文化）两个方面。农田水利工程既是水文化的重要内容，又是传承、弘扬水文化的重要载体。水文化可提升农田水利工程的品位，塑造水利工程的特色，还能提高水利工程的社会效益、生态效益和经济效益。

1.具有丰富的物态文化

（1）工程水文化

中华民族具有悠久的治水历史，2200多年来的农田水利发展变迁遗留下的一系列的农田水利工程遗址，及与水有关的相关水工建筑物遗迹等都是我国古今水文化的缩影，也是水文化的历史见证物。农田水利工程是政治、经济和社会发展的产物，体现了工程组织者和参与者的知识、观念、思想、智慧。我国古代著名的水利工程已经成为水文化的重要载体。

当代水利工程气势宏伟、种类繁多。科技含量高，文化内涵丰富。从一定意义上讲，农田水利工程已经成为传播水工程文化的最重要的载体。

（2）景观水文化

景因水而动，水给予景生气，经过人为的景观营造能将自然形态的水以其最美的形式展现于观赏者面前，使观赏者能够观水、亲水、嬉水，置身水中感受水的魅力。水景观满足人们休闲娱乐功能的同时还能够改善小气候环境。

2.具有丰富的非物态文化

（1）民俗水文化

我国是一个多民族的国家，各民族拥有不同的风土人情，民风习惯、民俗即是与水有关、涉水的民间流传的民族风俗与民俗故事，如泼水节，放河灯，赛龙舟，节水日等，还有冰雪文化也是水文化的另一种表现形式，它是人们在长期的社会生活中逐渐形成的各种生活与文化活动。

（2）艺术水文化

"山水之美，古来共谈"，风景越美，人景效应就越强，衍生出的精神文化也就越丰富。艺术水文化是指由于人与水和谐共处所派生出的如诗词歌赋、神话传说、绘画摄影、石刻楹联、书法篆刻等各种非物质文化，使水艺术升华人情化。

第二节　水资源及其利用规划

一、水资源

（一）水资源的概念

水资源是指当前和可预期的技术经济条件下，能为人类所利用的地表、地下淡水水体的动态水量。

从水资源的概念出发，水资源具有广义和狭义之分。广义的水资源指通过天然水循环得到不断补充和更新，对人工系统（如水库、池塘等）和天然系统（河流、湖泊、海洋等）具有效用性的一次性淡水资源，主要来源于降水，其存在形式为地表水、土壤水和深层地下水。和我们所说的传统水资源含义是不同的，主要不同之处是把土壤水或降水量都定为水资源。从广义水循环出发，可以将降水分为三类：第一类是低效降水（天然生态系统消耗的水资源）、第二类是有效降水和土壤水资源；第三类是径流水资源，包括地表水（湖泊、河流等）、含水层中的潜水和承压水。狭义水资源是指，人类在一定的经济、可预期的技术条件下能够直接使用的那部分淡水。

（二）水资源分类

为了更好地开发利用水资源，我们有必要而且必须对水资源进行系统分类。水资源与其他物质的分类情况大体上是相似的，在科学领域，水资源根据分类原则的差异，可以分为许多种类型。我们主要按照水域相互位置关系不同，将水资源划分为地表水资源和地下水资源两大类。

其中地表水资源按照自然形态的差异，分为河川径流量、湖泊径流量、冰川径流量等。

由于在长期的水资源调查过程中，得出河川径流量是一个重要调查指标。因此，我们在进行水资源调查中，会对其进行重点调查分析。

另外，我们知道地下水资源比地表水资源复杂得多，通过调查多个文献及书籍，国内外也没有统一的分类系统。因此我们主要从地下水资源的数量和水质两方面进行分析。

（三）我国水资源状况调查

我国是世界上水资源缺乏的国家之一，人均占有量仅为 2231m³，仅仅只有世界平均水平的 1/4、美国的 1/5，在世界上名列 121 位。随着我国人口的不断增长、城市化进程的不断加快和社会经济的快速发展，水资源需求量和废污水排放量的急剧增加，出现了水资源短缺（包括水质型和水量型短缺），同时给生态环境造成了巨大的污染。与此同时各地水资源浪费现象不断出现，并且呈现出加剧趋势。在建国初期，国家为了加快工农业的发展，我国就开始

对境内的水资源状况进行的大量调查。从 20 世纪 50 年代开始进行了各大河流河川径流统计，并于 1963 年编制《全国水文图集》，其中对全国的降水、河川径流、蒸发、水质等水文要素的天然情况及统计特征进行分析。这是我国第一次全国性水资源基础调查。1985 年国务院成立全国水资源协调小组对全国水资源再次进行调查，提出了《中国水资源概况和展望》。与此同时，80 年代初，以华士乾教授为首的研究小组曾对北京地区的水资源系统利用系统工程的方法进行了研究，该项研究考虑了水量的区域分配、水资源利用效率、水利工程建设次序以及水资源开发利用对国民经济发展的作用，可以说是水资源系统中水量调查与分配的前辈。1994 年至 1995 年，由联合国 UNDP 和 UNEP 组织援助、新疆水利厅和中国水科院负责实施的"新疆北部地区水资源可持续总体规划"项目，对新疆北部地区的经济、水资源和生态环境之间的协调发展进行了较为充分的研究，提出了基于宏观经济发展和生态环境保护的水资源规划方案。总的来说，我国水资源调查研究虽然起步晚，但研究步伐快，现在已经对我国水资源大体情况有所了解，并对水资源问题都进行了大量的研究。推动了我国水资源的持续利用，为今后水资源研究提供的理论与实例、经验，经过多年的研究得出我国水资源的特征。

由于我国国土面积大，加上位于亚欧大陆东侧，太平洋的西边，同时地跨高中低三个纬度区，受东南季风、西南季风与我国西高东低的自然地理特征的影响，各地气候差异很大，因此我国水资源在时空分布上极不均衡。经过分析有以下特点：

（1）水资源总量在地区上分布不均衡。由于我国大部分河川径流的补给来源是降水，因此受到海陆位置、气候、地形等因素的影响，我国水资源的地区分布趋势与降水分布趋势大体上相同，呈东南多、西北少，由东部沿海地区向西北内陆减少，并且分布不均匀。

（2）水资源总量在时间分配上也呈现出相似的特点：分布不均匀。由于受季风气候的影响，我国降水情况和河川径流情况在季节分配上不均匀，年际变化大，枯水年和丰水年相继持续出现。其中我国降水的年际变化随季风出现的次数、季风的强弱及其夹带的水汽量在有很大的相关性，导致了水资源总量在时间分配上不均匀。

（3）我国水资源的总体形势是：总量不小，污染严重，大部分地区严重缺水（水量型或水质型），水生态系统退化。

）我国水资源现状

1. 人口快速增加及城市化发展对水需求急剧增加

20 世纪 80 年代中国水需求总量为 4400 亿 m^3，20 世纪 90 年代为 5500 亿 m^3，2000 年增至 6000 亿 m^3，2010 年需求总量近 7000 亿 m^3。预计 2030 年将增至 8200 亿 m^3。目前，中国人口已达 13 亿，今后，中国人口仍将继续增长，预计 2030 年将达到高峰。2050 年，中国人均拥有水资源量将从 20 世纪 80 年代的 $2700m^3$ 减至 $1700m^3$，中国有近 2/3 的城市将出现供水不足，年缺水量约 60 亿 m^3。

2. 时间空间上的分布不均

受季风气候的影响，我国降水和径流在年内分配上很不均匀，年际变化大，枯水年和丰水年持续出现。降水的年际变化随季风出现的次数、季风的强弱及其夹带的水汽量在各年有所不同。年际间的降水量变化大，导致年径流量变化大，而且时常出现连续几年多水段和连续几年的少水段。

我国地域覆盖宽广，降雨时空分布存在严重差异，再加上水资源严重短缺。因此，水资源时空分布明显不均。同时，中国又是人口大国，各地人口分布不等，因此造成人均淡水资源、水资源可利用量以及人均和单位面积水资源数量极为有限，也造成了地区分布上的极大差异。这就构成了中国水资源短缺的基本国情和特点。目前，水资源短缺问题已成为国家经济社会可持续发展的严重制约因素。长江流域每年新增人为水土流失面积 $1200km^2$，新增土壤侵蚀 1.5 亿 t。自 1954 年以来，长江中下游水系的天然水面减少了 $12000km^2$。这从另一个方面，又影响了中国水资源的分布问题。

3. 极端灾害频繁

1949—1991 年的 43 年中，全国每年平均受灾面积 780 万 km^3 成灾面积 431 万 km^3。1998 年，长江、嫩江及松花江暴发百年不遇的洪水，连续 70 天超警戒水位，直接经济损失 2642 亿元。干旱缺水是中国经济社会发展的主要障碍，每年因缺水影响工业产值约 2300 亿元。近年，由水资源缺乏而引起的旱灾在一些地区，如松辽平原、黄土高原、云贵高原等，年减产粮食 200 万~300 万 t。目前，全国有 6000 万人口严重缺水。20 世纪 90 年代以来，一些地区水资源供需矛盾突出，缺水范围扩大，程度加剧。近期的如今年的百湖之城武汉大水灾，黄河水土流失严重等等。

4. 水资源污染严重

根据测试，我国水资源普遍受到污染。以 2003 年为例，辽河、海河、淮河、巢湖、太湖、滇池，其主要水污染物排放总量不断长高。淮河流域几乎一半的支流水质受到严重污染；辽河、海河生态用水严重短缺，其中位于内蒙古自治区的西辽河已经连续多年断流。巢湖、太湖、滇池等水质已经处于劣五类，总磷、总氮等有机物污染严重。

5. 水生态系统退化

受经济社会用水快速增长和土地开发利用等因素的影响，我国水生态系统退化严重。

江河断流，湖泊萎缩，湿地减少，水生物种减少和生境退化等问题突出。淡水生态系统功能整体呈现"局部改善，整体退化"的态势，北方地区地下水普遍严重超采，全国年均超采 200 多亿 m³，现已形成 160 多个地下水超采区，超采区面积达 19 万 km³，引发了地面沉降和海水入侵等环境地质问题。

（五）水资源管理存在的问题

1. 水资源过度开发，短缺问题日益突出

调查资料显示，多年来，中国地下水平均超采量约 74 亿 m³，超采区面积已达 18.2 万 km²，其中严重超采区面积已占到 42.6%。在一些地区，已经出现了地面沉降、塌陷、海水入侵等严重问题，这进一步加剧了环境恶化，影响了水资源质量。

2. 水资源缺乏高效剂用

工业生产用水效率低，导致成本偏高，产值效益不佳。尽管在北京、天津等大城市实现了水的循环利用，城市工业用水的重复利用率超过 90%，但全国大多数城市工业用水仍然浪费严重，平均重复利用率只有 30%~40%。从客观因素方面分析，一方面，人口不断增加、工农业生产快速发展以及人民生活水平不断提高，使得用水量不断增多。另一方面，温室效应逐步出现，全球气候不断变化又导致了降水量的减少。从人为因素分析，由于中国水资源利用率偏低、污染严重、管理不善等，也严重影响了水资源的效能。

3. 节水治污不到位

一方面，全民节水意识有待增强；另一方面，有关部门需要采取一些有力、有效的节水措施。在治污方面，地表水中五类水的比例越来越大。原因大致有两个方面：一是国家制定的环境质量标准较高，而工业企业污染源排放标准较低，两者存在明显矛盾；二是需加大治污力度，由于城市规模逐步扩大，生活水平逐步提高，市民生活污水排放量急剧增加，造成城市污水处理设施短缺，生活污水得不到及时有效的处理。因此必须加大建设污水处理设施的力度，以解决城市污水处理问题。

4. 水利设施存在威胁

第一，现有水利基础设施逐步萎缩衰老，配套的工程保安、维修、更新和功能完善的任务艰巨，由于诸多历史原因造成的许多水利基础设施配套差、尾工大、设备老化失修、管理水平低、运行状态不良，至今仍没有充分发挥应有作用的现象日益显露。第二，设施科技含量低和管理基础差，提高科技和管理水平任务艰巨，在水利建设的指导思想上，仍存在重建设，轻管理，管理机构不健全，管理人员素质偏低等现象。

二、水资源规划的含义和任务

水资源规划可定义为"对一项水资源开发的工程计划，条理化地、从阐明开发目标开始，通过各种方案的分析比较，到开发利用方案的最后决策，进行一系列研究计算的

总称。在水资源开发实施的全过程中，它是一个总揽全局、带有战略性的重要环节。

水资源规划的任务，简单说是采用什么措施、方法来满足用水需要，以兴利除害；也就是既能使水尽其利，又能使天然的水土资源得到必要的保护和改善。这里的措施、方法，既包括各种水利工程建筑和设备，也包括一些非工程措施，如管理和法规方面的办法、措施之类。在规划时这些措施是否适用，不仅取决于其技术上的有效性，还取决于其他方面，如经济、财务、环境和社会影响，以及政策法规上能否接受。

水资源规划按其规划的范围、对象，通常可分为三类，即：①全地域性的构架规划；②流域规划或地区规划（包括专项规划）；③工程规划。

第①类是属于大范围，多个流域和地区间宏观性的水资源规划。往往着眼于地域水资源清册、需水情况和中、长期预测，配合经济和社会发展的水资源问题。根据这些从构架性宏观全局的角度，研究解决分区水资源问题的方向、总的构想和策略、对策。例如"全国水资源利用现状、供需关系分析及关于农业水利化的方向与建议""华北地区水资源供需现状、发展趋势和解决的战略措施的研究"等都可归入此类。

第②类规划属于一个流域或地区内的多目标治理和水利水电开发，其范围较前一类相对缩小。由于水利工程与流域水系（或地区）各个国民经济部门联系十分密切，因此需要全面系统地进行综合研究，也就是全流域的规划或地区规划。其研究程度远较第一类为细。它研究所述范围长时期内水资源开发管理的合理途径，研究来水、用水的预测协调，水利水电工程的位置布局、初步规模和建设程序，并以费用最小或其他指标来选定最优的规划方案，以保证有步骤、有次序地开发流域（或地区）的水资源。这类规划也常包括一些跨流域、跨地区的专项水利规划，它是以防洪排涝、灌溉、航运等某一单项目标为主的规划。例如以解决供水为主的南水北调规划，以排涝为主的江苏里下河地区治涝规划等。此外还有以行政区为限的，如省、市、县的水利规划，性质上亦属于这类"面"的地区性规划。

第③类工程规划是属于单一工程项目的水资源利用开发规划，它的地域范围已多少带有"点"的特征，而不像前一类规划之具有"面"的特征。工程规划必须是在流域或地区规划的基础上，根据流域规划所拟定的建设顺序所确定的近期工程，作更深入的规划。这类规划实际上也就是目前常称的"可行性研究"，其主要任务在于对所提工程项目的建设，明确是否切实可行，是否应该在近期组织实施。

上述后两种规划的分类，也可从基本建设程序的角度来加以说明。我国水利水电工程的基本建设，在施工前的阶段，称为前期工作阶段。前期阶段的工作，对大中型工程而言，又分三个主要环节，那就是：规划、可行性研究和设计（包括初步设计、修正设计和施工详图三个分支环节）。这里的规划也就是前面分类中所述的流域或地区规划；而可行性研究环节，就相当于前面工程规划的阶段。

前期工作中，上述三个环节的任务各有所长。流域规划是流域水利开发治理的总体规划，是根据多目标综合利用的各种要求进行干支流梯级和库群的布置，分洪、灌溉等枢纽建筑物的配置和相应河线渠线的规划，以及河道整治、湖区治理等，并从方案比较来选定这些大的工程措施以及主要工程项目建设的大致顺序。因此它是一种战略性的总安排。

可行性研究是以单项工程或为某一目的而开展的研究，它以水利规划为依据，根据经济和社会发展的需要，生态环境方面允许，研究该项目在一些关键性问题上的技术可行性和综合效果的有关情况及是否应该修建。所以，可行性研究是为了形成和确定项目，是决定项目命运的关键工作。这一阶段如完成通过，一般项目本身及重大问题，如坝址位置、规模、开发任务等也就确定下来了。

至于工程设计，则是在项目已经确定要实施了，工程地址、技术方案、投资范围等前提已经明确的条件下，为了解决工程建设的技术经济问题而进行的，故是一项实施性的具体技术经济工作。这里包括一系列重要的设计内容，如大坝和水库主要参数的选定，各水工建筑物类型、尺寸和结构设计，施工方法，工程投资和效益，以及一些基本资料（如水文、地质、经济等）的复核补充工作。

但是上述这些工作内容，有时是反复进行的，目前所处阶段未必已很清楚。例如一些流域机构认为主要参数选择和经济分析应在可行性研究（也可延至初步设计）阶段做出结论，以后阶段必要时做复核工作。

水利工程基本建设上述的这一套由规划到设计的工作程序，一方面体现了由整体到局部，由战略到战术，由面到点，由粗到细，前后呼应，逐步深入，极为严密和科学的工作方法。另一方面，很多内容在不同阶段常需反复进行，周而复始，不能截然划分，甚至在一次规划设计完成后，还需要定期进行修改补充（有作滚动规划），以适应客观情况的发展变化。这些都是水资源本身变化特性和多方面效应，以及与其他自然资源相比，其开发利用的复杂性、特殊性所决定的。

三、水资源利用的近代发展

流域的水利资源，包括地面和地下水，河流的上中下游和干支流各个部分，其拥有的水量、水能和水质，是社会的一种重要而又宝贵的财富。它们作为一个有机联系的完整的系统，对国家的经济建设和生活环境起着不可替代的作用。在第二次世界大战以后，特别是近十多年来，随着全球人口的快速增长、城市化进程的加快和工农业生产的迅速发展，水资源的需求大幅度增加，导致水质和环境问题也日益突出。不少地方水资源紧缺，出现水质污染，甚至发生水荒和公害，这使对水资源的综合开发和综合管理的要求，不仅愈来愈广泛复杂，而且愈来愈迫切。在一些地区和城市甚至已成为经济和社会发展的主要制约因素。

上面这些对水资源开发利用要求的新发展，概括起来便是：从性质上讲，已经从单纯的对水量、水能的要求，发展到对水质和水环境的规划和保护控制要求，从除害兴利，发展到防害兴利。从地域范围讲，已从一个河段、一条河流，扩展到整个河系流域，甚至到跨流域的开发治理。从服务部门讲，已从传统的农业灌溉、电力、给水、航运，扩展到环境、社会经济和社会福利方面。因此，典型的水资源开发管理问题，往往涉及广大地区内众多的河流、土地上，多个工程，其是由多项开发目标，多种约束，多种内外因素相互影响构成的完整系统，这就是水资源系统的规划或优化规划。它是人工控制和改造河流，进行径流时空调节的最新发展。

水资源系统的上述规划，是一个如此复杂的问题，因此从规划这一环节来说，必然需要一种与之相适应的新途径来分析和求解。从我国的情况来看，目前不少流域上水库大坝愈建愈多；全河整体的梯级开发和调度，以至跨流域调水等，也多有需要；水源环境的保护，即水质污染问题，在一些河流已多次出现。因此，以前用于单一河段、单一水库以及仅为经济开发目标的规划思想和设计方法，已不能很好适应现阶段的发展需求，而要从流域或水库群整体的观点和对水资源利用控制的多用途、多目标的全面要求，来分析和研究水资源的统一规划和管理。这里所谓"多用途二是指水利工程建设的服务对象和利用的受益部门，如防洪、水力发电、灌溉、航运等。而"多目标"则是指各用水部门的具体生产开发目标，如水力发电的电能和出力，灌溉、给水的供水量或保证供水量等。

谈到现代意义的水资源管理或所谓水资源系统的规划、设计和控制运用已涉及社会和环境问题。因此，其内容、意义和目标等，都更为广泛。从学科角度来讲，已不是作为纯粹工程性质的所谓技术科学的一部分（如土建工程等），而是在一定程度上，提高、扩展到了水圈和地圈范围内，人类规划自身生存环境，进行国土整治的更高境界和水平。

以上这些关于水资源开发利用方面的新内容，虽然还处于形成和发展阶段，但是却具有重大的发展意义，因此已成为一个水利工作者在掌握课程的传统内容之余，所应该重点了解和重视的问题。

第三节　水文及城市化对水文的影响

一、水文学

水文学是研究地球上各种水体变化规律的一门科学。它主要研究各种水体的形成、循环和分布，探讨水体的物理和化学特性，以及它们对生物的关系和对环境的作用。水体是指以一定形态存在于自然界中的水的总称，如大气中的水汽，地表的河流、湖泊、沼泽、海洋等，地下水。

各种水体都有自己的特性和变化规律。因此，水文学可按其研究对象不同分为：水文气象学、地表水水文学和地下水水文学三大类。其中地表水水文学又可分为河流水文学、湖泊水文学、沼泽水文学、冰川水文学、海洋水文学和河口水文学等。

一般所谓的水文学主要是指河流水文学，因在各种天然水体中，河流与人类经济生活的关系最为密切，与其他水体水文学相比，河流水文学又是起源最早、发展最快，目前已成为一门内容比较丰富的科学，河流水文学按研究任务的不同，可划分为下列一些学科：

（1）水文测验学及水文调查。研究获得水文资料的手段和方法，站网规划理论，整编水文资料的方法及水文调查的方法和资料整理等。

（2）河流动力学。研究河流泥沙运动及河床演变的规律。

（3）水文学原理。研究水文循环的基本规律和径流形成过程的物理机制。

（4）水文试验研究。运用野外试验流域和室内模拟模型来研究水文现象的物理过程。

（5）水文地理学。根据水文特征值与自然地理要素之间的相互关系，研究水文现象的地区性规律。

（6）水文预报。在分析研究水文现象变化规律的基础上，预报未来短时期（几小时或几天）内可能会出现的水文情势。

（7）水文分析与计算。在分析研究水文现象变化规律的基础上，预估未来长时期（几十年到几百年以上）内的水文情势。

水文学并非是一门纯粹的理论科学，它有许多实际用途，通常使用"应用水文学'一词来强调它的使用意义。水文学的应用范围很广，其中工程水文学是应用水文知识于水利工程建设的一门学科。它研究与水利工程的规划、设计、施工和运行管理有关的水文问题，主要内容为水文计算和水文预报，任务是为水利工程的规划、设计、施工和运行管理等提供正确、合理的水文数据，以充分开发和利用水资源，从而发挥工程效益。此外，还有农业水文学、城市水文学、森林水文学等应用水文学分支。

二、水文现象的基本特点和规律

（一）水文现象的基本特点

地球上的降水和蒸发，河流中的水位、流量和含沙量等水文要素，在年际间和年内不同时期，因受气候、下垫面及人类活动等因素的影响，其变化是很复杂的，这些水文要素变化的现象称为水文现象。根据对水文要素长期的观测和资料分析，发现水文现象具有不重复性、地区性和周期性等特点。

1. 不重复性

不重复性是指水文现象无论什么时候都不会完全重复出现，如河流某一年的流量变化过程，就不可能与其他任何一年的流量变化过程完全一致。这主要是由于影响水文现象的因素甚为复杂，及各种因素在不同年份的组合不同而致。这就是所谓的水文现象的随机性。

2. 地区性

地区性是指水文现象随地区而异，每个地区都有各自的特殊性。但在气候及下垫面因素较为相似的地区，水文现象则具有某种相似性，在地区上的分布也有一定的规律。例如，我国南方湿润地区多雨，降水在各季节的分布也较为均匀；而北方干旱地区少雨，降水又多集中在夏秋两季。因此，降水面积相近的河流，年径流量南方就比北方大，年内各月径流的变化，南方也较北方均匀些。

3. 周期性

周期性是指水文现象具有周期循环变化的性质。例如，每年河流出现最大和最小流量的具体时间虽不固定，但最大流量都发生在每年多雨的汛期，而最小流量出现在少雨或无雨的枯水期，这是因为影响河川径流的气候因素有季节性变化的结果。

（二）水文现象的基本规律

水文现象同其他自然现象一样，同样具有必然性和偶然性两方面，在水文学中则称之为确定性和随机性。

1. 水文现象的确定性规律

大家知道，河流每年都有汛期和非汛期的周期性交替，冰雪水源河流具有以日为周期的水量变化，产生这些现象的基本原因是地球的公转和自转。一条河流流域降落一场暴雨，这条河流就会出现一次洪水过程。如果暴雨的强度大、历时长、降雨范围大，产生的洪水就大。显然，暴雨与洪水之间存在着因果关系，这就说明，水文现象都有其客观发生的原因和具体形成的条件，它是服从确定性规律的。但是，水文现象的确定性规律难以用严密的数学方程表达出来。

2. 水文现象的随机性规律

河流某断面每年汛期出现的最大洪峰流量或枯水期的最小流量、年径流量的大小是变化莫测的，具有随机性的特点。但是，通过长期观测可以发现，特大洪水流量和特小枯水流量出现的机会较小，中等洪水和枯水出现的机会就较大，而多年平均年径流量却是一个趋于稳定的数值。水文现象的这种随机性规律需要有大量资料才能统计得出，所以通常称为统计规律。

综上所述，因水文现象具有不重复性的特点，故需年复一年地对水文现象进行长期的观测，积累水文资料进行水文统计，分析其变化规律。由于水文现象具有地区性的特点，故在同一地区，只需选择一些有代表性的河流及河段设站观测，然后将其观测资料经综合分析后，再应用到相似地区。为了弥补资料年限的不足，还应对历史上和近期出现的大暴雨、大洪水及枯水，进行定性和定量的调查，以全面了解和分析水文现象变化的规律。

三、水文学的研究途径和方法

根据上述水文现象的基本特点和规律，水文学的研究途径可归纳如下：

1. 成因分析

根据水文现象与其影响因素之间存在确定性关系及观测的水文资料，从物理成因的角度出发，建立水文现象与其影响因素之间的数学物理方程，即以经过简化的确定性的函数关系来表示水文现象的定量因果关系。这样，就可以根据当前影响因素的状况，预测未来的水文现象，这种利用水文现象的确定性规律来解决水文问题的方法，称为成因分析法。这种方法能求出比较确切的结果，在水文现象基本分析和水文预报中，得到了广泛应用。但由于影响因素较多，有时不易准确定量，所以并不能完全满足工程的实际需要。

2. 数理统计

根据水文现象的随机性，以概率论为数学工具，通过对实测水文资料的分析，求取长期水文特征值系列的概率分布，并运用这种统计规律为工程规划设计等提供所需的设计水文特征值。这种途径是根据过去的观测资料预估和推测未来的变化，虽然它并没有阐明水文要素之间的因果关系，也不能按时序确定它的数量，但数理统计法仍是水文计算的主要方法。

3. 地区综合

根据水文现象的地区性规律，在缺乏资料的地区，可借用邻近地区的资料，或利用分区、分类综合分析的成果，即用水文要素等值线图或分区图，地区性的经验公式或图表来估算工程规划设计所需的水文数据。

上述三种途径和方法，应是相辅相成、互为补充的，但都应重视基本资料的调查和分析，各地可根据地区特点、资料情况，采用的途径应有所侧重，但应遵循"多种方法，综合分析，合理选定"的原则，确定设计成果。

四、城市化对水文过程的影响

城市化对水文过程的影响主要表现在以下几个方面，即对流域下垫面条件的改变，水文循环要素的变化、洪水过程线的变化，城市水土流失等的影响等。

1. 流域下全面条件的改变

流域的变化主要表现在不透水面积和河道水流传播两个方面。城市化必将使流域内大片土地被用来建设工业区、商业区和住宅区。城市街道、公园场地、屋顶等均为不透水面积或微透水面积，使部分壤中流变成了地表径流。再者城市化后整治了市区的行洪通道、建设了城市排水系统，与原来的自然状况比较，缩短了坡面汇流时间，减少了河道的调蓄水能力与糙率，从而加速了水流的传播速度。一些城市的盲目开发造成了水面率和天然调蓄能力降低，加之目前大部分的城市防洪标准不够，极易遭受江河洪水和地区暴雨的侵袭而造成洪涝。

2. 水文循环要素的变化

城市化将显著影响水文循环系统中降雨、蒸发、地表径流、地下径流等要素。加拿大安大略城市排水下属委员会发表的"关于城市排水实用手册"中提出了城市化引起水文要素之间分配比例的变化，见表其中城市化后的地表径流与屋顶截流直接进入城市雨水管道，成为雨水管径流。

表1-1 城市化前、后水文循环要素的变化 单位：%

水文要素	降雨	蒸发	地表径流	地下径流	屋顶截流	雨水管径流
城市化前	100	40	10	50	0	0
城市化后	100	25	30	32	13	43

城市化对降雨的影响，章农等人在美国圣路易州布设了250个雨量器，观测研究表明，城市的降雨量较大，在森林地区截流量最高，不透水面积上的洼蓄量低于青草地区的洼蓄量。河海大学与南京水文水资源研究所对天津市区及海河干流区水文资料的分析表明，城市化使市区暴雨出现的频率明显增加，使市区各时段设计暴雨量较郊区明显增加，降雨年内分配呈现微弱的均化趋势而入渗量却随城市化程度增加而减少。由于城市化的结果使市区房屋林立，道路纵横，排水管网纵横交错，市区糙率显著减少，地面漫流的汇流速度显著增大。年径流量随着城市化不同程度而变化，若不透水率增加则总地表径流增加。地下水在水文循环中维持某一基流，城市化影响一般减少基流并降低地下水位。

3. 对洪水过程的影响

在径流形成过程的诸多要素中，研究城市化对植物截留及蒸散发的影响意义不大。城市化对下垫面条件的改变，主要影响到下渗及洼蓄量。洼蓄量一般较小，经验估计为1.5~3.0mm，最终将耗于蒸发。下渗能力的变化主要表现为减少，城市化将原始的透水地表改变为不透水地表，导致糙率相对减少，下渗通量为零，壤中流减少或为零，使汇流速度加快，地表径流量增加，一般减少基流并降低地下水位。

4. 城市水土流失

城市水土流失是一种典型的城市水文效应。城市建设发展过程中，大量的建筑工地使流域地表的天然植被遭到破坏，裸露的土壤极易遭受雨水的冲蚀，形成严重的水土流失从而改变了地表物质能量的迁移状态，增加了水循环过程中的负载。特别是对上游山地的开发占用，造成的水土流失极易引发河道堵塞、淤积及山体滑坡和泥石流等自然灾害。

第四节　生态水利工程学的知识体系

一、生态水利工程的定义

对于生态水利工程学的定义，国内最早出现在董哲仁教授的文中，后被广泛应用。其简称生态水工学，是在水利工程学的基础上，吸收、融合生态学的理论而建立和发展的新工程学科，是水利工程学的分支，当然确切地说是未来水利工程学的归属，其相应英文翻译为 Ecological-Hydraulic Engineering，简称为 Eco-Hydraulic Engineering。它以弱化或削减由于水利工程设施对水生态系统产生的负面影响为基础，以人类与自然和谐共存为理念，探讨新的工程规划设计理念和相适应的工程技术的工程学。

二、生态水利工程发展的理念

1. 尊重自然的理念

自然河流的地貌形态是河流经过千百万年甚至更久发展与演化的结果，也是河流与其相关环境相互作用，逐渐建立起来的自然均衡状态。河流地貌与河流形态的外在稳定，保证了河流生态系统的平衡与稳定。在河流自然状态下，河流生态系统里的各类动植物得以健康发展，在生存地繁衍生息，与之相关的物质和能量流通也得以良好循环。因此，生态水利工程应秉承尊重自然的理念，尽可能在规划设计和建设中维持河流地貌和形态的原有自然状态。对于先前传统水利工程所造成的环境影响和生态破坏，在经济支持和保证防洪的前提下，可以进行重新设计和建设，使其河流岸边植物群落得到恢复，为动物群落的恢复创造条件，修复受损的河流生态，使尊敬自然的理念得以变成现实。

2. 水资源共享的理念

水是万物之源，不仅是人类生产和生活的基础资源，同时也是除人类之外其他生物生活的不可或缺要素。一个地区的水资源平衡是维系本地区生态系统健康发展，生态环境稳定的根本条件。可是，人类发展史上，传统水利工程的发展所产生的一个主要问题就是人类过度占有开发和利用水资源，导致流域内的生态环境变化，生物群落减少，生物链断裂等问题，严重破坏了生态系统的平衡和稳定。当代经济、科学和社会发展使我们逐步清晰地认识到了人与自然之间息息相关、不可分割的关系，同时也深切感受到生态破坏带给我们生存生活的问题，例如河流生态系统的破坏导致沿河以渔业为生的人民，渔业产量急剧下降，沿河渔民生活已经成为政府工作的议题，不得不为渔民谋划新的出路等。而这种现象的产生，莫不与我们生活息息相关的自然生态环境相关，因此，合理开发水资源，在保障我们自身生活、生产和经济发展的同时，也应该保障生态环境健康、持续、稳定发展的需水量，使人类与生物共享水资源。

3. 可持续发展的理念

"可持续发展"在我们的生活中早已耳熟能详，是人类在总结自身发展历程之后，提出的新的发展模式，其含义自然不用多说，其目的是使人口 - 资源 - 环境协调发展。由于水资源是人类生存、生活和发展最重要的基本要素，而传统的水利工程和水资源的开发利用模式所产生的问题逐渐显现出来，在总结之前发展中存在的问题之后，学者和专家们发现，可持续发展是水资源的开发和利用的必然结果。结合可持续发展的理念，应用到水资源开发和利用上来，我们可以得知，可持续发展需要我们了解水资源储量，并知道水资源的承载能力，还需对水资源进行优化配置，并且加强水资源开发利用的管理。具体来说就是在熟知水资源储量的基础上，结合当地社会、经济发展状况，在留够满足当地生态环境需水的前提下，把水资源合理分配到生产生活的各个领域，以满足人类和自然生态环境系统共同健康发展。这不但需要我们在开发之前做到合理的规划和分配，也要做好后续的监督和管理，从体制和制度上保障水资源的可持续利用。

4. 生态修复理念

在生态工程领域，生态系统和自然界自我设计与自我完善的概念主要是指生态系统的自我调节和反馈机制，也就是哲学中的否定之否定理论。具体到生态工程领域就是使生态系统具有适应各种环境变化，并进行自我修复的能力，在其基础上，研究生态系统可恢复的最低变化程度。生态水利工程从本质上讲是一种生态工程，与传统水利设计比较而言，生态水利工程设计是一种"导向性"的设计，工程设计者需要放弃传统水利工程设计时那种控制自然河道机制的想法，对生态系统进行分析，依靠其自身完整的结构和功能，加以人为干预，也就是结合生态系统的特点和人为治水的目的，把水利工程结构的设计和生态系统自身相应的结构的特点联系起来，再次进行合理的结构设计，辅助其功能的健全，使其有等同于自然状态下生态系统的结构和功能。当然，在生态水利设施设计的初始，我们必须保证建设好的生态水利工程设施有恢复到自然生态系统的最低变化程度的能力，即生态修复的能力。截至目前，生态修复技术常用的有：生物生态修复、生物修复、水生生物群落修复、生境修复等技术。

三、生态水利工程学的研究内容

生态水利工程学是把人和水体归于生态系统，研究人和自然对水利工程的共同需求，以生态学角度为出发点而进行的水利工程建设，致力于建立可持续利用的水利体系，从而达到水资源可持续发展以及人与自然和谐的目的。生态水利工程学研究的内容广泛，涉及面广。

在总结和归纳前人研究成果的基础上，发现生态水利工程学的主要内容有以下四部分。

水资源循环利用与水生态系统：结合水文学和生态学原理来研究河流流域内的生态系统；把水文情势的变化和生态系统的演变综合分析来研究其内在规律；研究水文环境要素变化对生态系统的作用，并对水资源和生态系统各要素之间的相关关系加以计算模拟。

生态水利的规划与设计：生态水利的一大研究内容就是水利工程的规划与设计，旨在研究流域生态系统所能承载人类干扰的最大能力，再结合当地生态环境建设的要求和目标，提出符合生态要求和经济安全的水利建设规划与设计方案。生态水利学的规划设计涉猎广泛，其融合水文学、环境学、生态学和水利学等多个学科，在规划设计中，需要对各学科的知识综合运用，以实现水资源的永续利用。本文主要以此为研究对象。

水利工程产生的生态效应：在对水资源的开发利用、保护管理和与生态环境之间相互关系研究的基础上，提出相应的评估预测方法和指标体系，并制定生态系统自我修复和重建的技术和工程方案。生态水利主要以防护为目标，注重工程治理和非工程辅助的措施，以恢复遭破坏流域的生态系统。

生态水利监督和管理：主要对生态水利监测和评价方法的研究，并建立相应的决策支持和预警系统，从而提出可满足生态安全的水资源配置方案与管理措施。

四、生态水利工程学的基本原则

生态水利学的基本原则是其生态水利工程规划和设计的基础，生态水利建设的目标要求也是对其工程的要求，在总结前人研究成果的基础上，本文归纳总结出生态水利工程学的五点基本原则：

1. 工程安全性和经济性原则

生态水利工程是一项综合性工程，在河流综合治理中既要满足我们人的需求，也要兼顾生态系统健康和可持续发展的需求。生态水利工程要符合水利工程学和生态学双重理论。

对于生态水利工程的工程设施，首先必须符合水利工程学的原理和原则，以确保工程设施的安全、稳定和耐久性。其次，设施必须在设计标准规定的范围内，且能够承受各种自然荷载力。再者，务必遵循河流地貌学原理进行河流纵、横断面设计，充分考虑河流各项特征，动态地研究河势变化规律，保证河流修复工程的耐久性。

对于生态水利工程的经济性分析，应遵循风险最小和效益最大原则。由于生态水利工程带有一定程度的风险，这就需要在规划设计中多角度思考，多方位设计，然后比较遴选最适合最优的方案，同时在工程建立起来之后，要重视生态系统的长期定点监测和评估。

2. 河流形态的空间异流性原则

已有资料表明生物群落多样性与非生物环境的空间异质性存在正相关关系。自然的空间异质性与生物群落多样性的关系，彰显了物质系统与生命系统之间的依存和耦合关系，提高河流形态空间异质性是提高生物群落多样性的重要前提之一。我们知道河流生境的特点使河流生境形成了开放性，丰富性，多样化的条件，而河流形态异质性形成了多种生态因子的异质性，造就了生境的多样性，从而形成了丰富的河流生物群落多样性。

由于人类活动的增多，特别是大型治河工程的规划和建设，导致自然河流渠道化及河流非连续化，使河流生境在不同程度上趋于单一化，引起了河流生态系统的不同程度的衰退。生态水利工程的目标是恢复或提高生物群落的多样性，旨在工程建设的基础上，减少人为因素的干扰，利用自然生态的自我修复性，尽其可能使河流生态恢复到近自然状态或者生境多质性和生物多样性的情况，使其河流生态稳定、持续发展。

3. 生态系统自设计、自恢复原则

自20世纪60年代开始，有关生态系统的自组织功能被开始讨论，随后不断有不同学科的众多学者涉足这个领域，经分析得出，生态系统的各种不同形式具有自我组织的功能，是自然生态系统的重要特征。自组织的机理是物种的自然选择，也就是说某些与生态系统友好的物种，能够经受自然选择的考验，寻找到相应的能源和合适的环境条件。在这种情况下，生境就可以支持一个能具有足够数量并能进行繁殖的种群。

4. 景观尺度及整体性与微观设计并重原则

当把生态水利工程学应用到河道治理上来的时候，我们必须考虑河流生态系统和水利工程结合后的整体性。在大尺度景观上对河流进行生态水利规划和建设，就是从生态系统的结构和功能出发，掌握生态系统诸多要素间的交互作用，提出修复河流生态系统的整体、综合的系统方法，除了需要考虑河道水文系统的修复问题，还需要关注修复河流系统中动植物。

诚然，大尺度上是对景观的整体把握和控制，但也不能忽视局部小尺度的景观设计，因为景观的存在是以人为主体的，在景观整体性把握的前提下，也要注重微观小尺度景观，从而使全局景观更好的发挥优点，使生态水利工程的景观价值充分得到展现。再者，有时候小尺度的成败决定了大尺度的成败。

5. 反馈调整式设计原则

生态系统是发展的系统，河流修复也不是朝夕而就。从长时间的尺度上看，自然生态系统的进化是数百万年时间的积累，其结果是结构的复杂性；生物群落的多样性；系统的有序性及内部结构的稳定性都得到提高，同时抗外界干扰的能力加强。短时间的尺度来看，生态系统之间的演替也需要几年时间，因此，河流修复或生态河道治理工程中，需要长远计划。生态水利工程的规划设计主要是人为仿造稳健河流系统结构，完善其功能，以形成一个健康、稳定的可持续发展的河流水利生态系统。

五、生态水利工程设计目前存在问题

虽然生态水利工程学在理论研究方面日趋完善，实践应用也有所建树，但生态系统破坏和自然环境功能弱化等问题仍旧发生。由于本文所需，主要对工程设计方面存在的许多问题加以总结归纳，结合现有研究和归纳总结，其在工程设计方面主要面临四个问题。

（1）不同区域之间，缺乏基于本区域的工程设计方法与评价标准。由于我国幅员辽阔，不同区域之间，水文要素差异明显，其中最典型的有沿海和内陆差异，南北差异。因此，我们水利工作者在水利工程设计和实践中，务必秉着"具体问题，具体对待"的原则，结合工作所在地的具体情况，选择合适的工程设计方法，制定合理的工程标价标准，避免千篇一律现象的产生。

（2）水利工程设计者缺乏相应的生态理论和实践知识，同时也缺少与生态科技工作者的合作机会和体制。由于我国生态水利工程起步比较晚，现今的水利工程设计者中只有部分掌握生态水利设计的知识，在缺少与生态科技工作者的合作的情况下，不能满足当前生态水利的快速发展和广泛应用。现阶段水利工程的设计，依然停留在传统设计的地步，使相当部分可以实施生态水利工程的项目被传统工程所把持，造成不必要的经济、社会和生态损失。

（3）已有水利工程设施与生态水利工程设施之间难以协调运作。已有水利工程建设较早，或已在工程所在区域形成新的生态系统，在新的生态水利工程建设时，难免与其相互影响，造成次生生态破坏；或原有水利工程造成的生态破坏依然存在，需要对其重新进行生态水利工程建设，则需要对原有设施进行改造或重修；或新的生态水利工程设施与原有工程在同一区域，二者之间联系紧密，因此在建设新的工程时，就需要对二者进行协调，使其健康运作。

（4）生态水利工程设计缺少相应的生态水文资料。生态水利工程的设计，不但需要水文资料，也需要相关的生态资料，由于二者分属不同部门，一来，资料难以互通利用；二来，资料的有效性也难以得到保障。

第二章 水利工程测量

测量学是研究地球及其表面各种形态的学科，其主要任务是测量地球表面的点位和几何形状，并绘制成图，以及测定和研究地球的形状和大小。水利工程测量是在水利规划、设计、施工和运行各阶段所进行的测量工作，是工程测量的一个专业分支。它综合应用天文大地测量、普通测量、摄影测量、海洋测量、地图绘制及遥感等技术，为水利工程建设提供各种测量资料。

第一节 水利工程测量概述

一、测量基本理论知识及工作

由开头已提出测量学的原理，但是测量学随着科技的发展，在如今，按研究对象和研究范围的不同，可分为大地测量学、地形测量学、摄影测量学、工程测量学、制图学，水利工程测量就属于工程测量学其中一项。水利工程测量的主要任务是：为水利工程规划设计提供所需的地形资料，规划时需提供中、小比例尺地形图及有关信息以及进行建筑物的具体设计时需要提供大比例尺地形图；在工程施工阶段，要将图上设计好的建筑物按其位置，大小测设于地面，以便据此施工，称为施工放样；在施工过程中及工程建成后的运行管理中，都需要对建筑物的稳定性及变化情况进行监测—变形观测，以确保工程安全。学会测量，得先学会确定地面点的位置，概略了解地球的形状和大小，建立适当的确定地面点位的坐标系。测量的基本原则是在布局上由整体到局部，在工作步骤上先控制后碎部，简单点就是先进行控制测量，然后进行碎步测量。

确定地面点高程的测量工作，称为高程测量。高程测量按使用的仪器和施测方法的不同，可分为水准测量、三角高程测量、气压高程测量和全球定位系统（GPS）测量等。在工程建设中进行高程测量主要用水准测量的方法。而我们所学的，也主要是水准测量。水准测量是运用水准仪所提供的水平实现来测定两点间的高差，然后根据某一已知点的高程和两点间的高差，计算另一待定点的高程。进行水准测量的仪器是水准仪，所用的测量工具是水准尺和尺垫。水准仪的安置是在设测站的地方，打开三脚架，将仪器安置在三脚架上，旋紧中心螺旋，仪器安置高度要适中，三脚架投大致水平，并将三脚架的脚尖踩入土中。用水准测量方法确定的高程控制点称为水准点（一般以 BM 表示），水准点应按照水准路线等级，根据不同性质的土壤及实际需求，每隔一定的距离埋设不同类型的水准标志或标石。水准仪有视准轴、水准管轴、圆水准器轴以及仪器竖轴四条轴线，而在其中，圆水准器轴应平行仪器竖轴、十字丝横丝应垂直于仪器竖轴、水准管轴应平行于视准轴。在进行水准测量工作中，由于人的感觉器官反映的差异，加上仪器和自然条件等的影响，使测量成果不可避免地产生误差，因此应对产生的误差进行分析，并采用适当的措施和方法，尽可能减少误差或者予以消除，使测量的精度符合要求。

确定地面点位一般要进行角度测量。角度测量是测量的基本任务之一，在测量中与边长一样占有比较重要的位置，角度测量是测量的三个基本工作之一。角度测量包括水平角测量和竖直角测量。所谓的水平角，就是空间两条直线在水平面上投影的夹角。在同一竖直角内，目标方向与水平面的夹角称为竖角，亦称垂直角，通常用 $\alpha \in$（-90°，+90°），当视线位于水平方向上方时，竖角为正值，称为仰角；当视线位于水平方向下方时，竖角为负值，称为俯角，根据竖角的基本概念，要测定竖角，必然也与水平角一样是两个方向读数的差值。经纬仪是角度测量的主要仪器，它就是根据上述水平角和竖直角的测量原理设计制造，同时，和水准仪一样还可以进行视距测量。经纬仪的使用包括仪器安置、瞄准和读数三项。水平角的观测方法有多种，但是为了消除仪器的某些误差，一般用盘左和盘右两个位置进行观测。竖盘又称垂直度盘，它被固定在水平轴的一端，水平轴垂直于其平面且通过其中心。最终，为了测得正确可靠的水平角和竖角，使之达到规定的精度标准，作业开始之前必须对经纬仪进行检验和校正。角度观测的误差来源于仪器误差、观测误差和外界条件的影响三个方面。

距离测量是确定地面点位的基本测量工作之一。距离是指地面两点之间的直线长度。主要包括两种：水平面两点之间的距离称为水平距离，简称平距；不同高度上两点之间的距离称为倾斜距离，简称斜距。距离测量的方法有钢尺量距、视距测量、电磁波测距和 GPS 测量等。钢尺量距工具简单、经济实惠。其测距的精度可达到 1/10000~1/40000，适合于平坦地区距离测量，钢尺测量的主要器材有钢尺、测钎、温度计、弹簧秤、小花钎，其他辅助工具有测钎、标杆、垂球、温度计、弹簧秤和尺夹。视距测量是一种间接测距方法，它利用望远镜内十字丝分划板上的视距丝及刻有厘米分划的视距标尺，根据光学和三角学原理同时测定两点间的水平距离和高差的一种快速方法。普通视距测量与钢尺量距相比较，具有速度快、劳动强度小、受地形条件限制少等优点。但测量精度较低，其测量距离的相对误差约为 1/300，低于钢尺量距；测定高差的精度低于水准测量和三角高程测量。视距测量广泛应用于地形测量的碎部测量中。电磁波（简称 EDM）是用电磁波（光波或微波）作为载波传输测距信号直接测量两点间距离的一种方法。与传统的钢尺量距和视距测量相比，EDM 具有测程长、精度高、作业快、工作强度低、几乎不受地形限制等优点。边长测量是测量的基本任务之一，在求解地面点位时绝大多数都要求观测出边长。加之现在的测距仪器都比较先进、精度比较高而且距离测量的内、外也都比以前简单多了，所以距离的测量在现代测量中的地位越来越重要。

在测量工作中常要确定地面上两点间的平面位置关系，要确定这种关系除了需要测量两点之间的水平距离以外，还必须确定该两点所连直线的方向。在测量上，直线的方向是根据某一标准方向（也称基本方向）来确定的，确定一条直线与标准方向间的关系称为直线定向。直线的方向的表示方法有真方位角、磁方位角、坐标方位角以及三者之间的关系。通常用直线与标准方向的水平角来表示。测量工作中的直线都是具有一定方向的，且一条直线存在正、反两个方向。

通常将能同时进行测角和光电测距的仪器称为电子速测仪，简称速测仪。速测仪的类型很多，按结构形式可分为组合式和整体式两种类型。

任何观测都是在一定的外界环境中进行的，会不可避免地包含误差。产生测量的误差的主要原因是：使用的测量仪器构造并不是十分完善；观测者感官器官的鉴别能力有一定的局限性，所以在仪器的安置、照准、读数等方面都会产生误差；观测时所处的外界条件发生变化。测量误差是测量过程中必然会存在的，也是测量技术人员必须要面对和处理的问题。

二、小区域控制测量

在测量工作中，为了防止误差累积和提高测量的精度和速度，测量工作必须遵循"从整体到局部""先控制后碎部"的测量工作原则。即在进行测图或进行建筑物施工放样前，先在测区内选定少数控制点，构成一定的几何图形或一系列的折线，然后精确测定控制点的平面位置和高程，这种测量工作称为控制测量。控制测量分为平面控制测量和高程控制测量两部分。精确测定控制点平面坐标（x，y）的工作称为平面控制测量，精确测定控制点高程（H）的工作称为高程控制测量。根据国家经济建设和国防建设的需要，国家测绘部门在全国范围内采用"分级布网、逐级控制"的原则，建立国家级平面控制网，作为科学研究、地形测量和施工测量的依据，称为国家平面控制网。直接用于测图而建立的控制网为图根控制网。导线测量是平面控制测量的一种常用的方法，主要用于带状地区、隐蔽地区、城建区、地下控制、线路工程等控制测量。在野外进行选定导线点的位置、测量导线各转折角和边长及独立导线时测定起始方位角的工作，称为导线测量的外业工作。导线测量的外业工作包括：踏勘选点及埋设标志、角度观测、边长测量和导线定向四个方面。导线的内业计算，即在导线测量工作外业工作完成后，合理地进行各种误差的计算和调整，然后再计算出各导线点坐标的工作。在面积为 15km² 内为满足需要进行的平面控制测量称为小区域平面控制测量。小三角测量是小区域测量的一种常用方法，他的特点是变长短、量距工作量少、测角任务重。计算时不考虑地球曲率影响，采用近视平差计算的方法处理观测结果。小区域平面控制网的布设，一般采用导线测量和小三角测量的方法。当测区内已有控制点的数量不能满足测图或施工放样需要时，也经常采用交会法测量来加密控制点。测角交会法布设的形式有前方交会法、侧方交会法和后方交会法。

精确测定控制点高程的工作称为高程控制测量。高程控制测量首先要在测区建立高程控制网，为了测绘地形图或建筑物施工放样以及科学研究工作而需要进行的高程测量，我国在全国范围内建立了一个统一的高程控制网，高程控制网由一系列的水准点构成，沿水准路线按一定的距离埋设固定的标志称为水准点，水准点又分为临时性和永久性水准点，一、二等级水准点埋设永久性标志，三、四等水准点埋设普通标石，图根水准点可根据需要埋设永久性或临时性水准点，临时性水准点埋设木桩或在水泥板或石头上用红油漆画出临时标志表示。国家高程控制测量分为一、二、三、四等。一二等高程控制测量是国家高程控制的基础，三四等高程控制是一二等的加密或作为地形图测绘和工程施工工程量的基本控制。图根控制测量的精度较低，主要用于确定图根点的高程。

三、地形测量及地形图使用

地表的物体不计其数，测量学中，我们把它们分成两类：地物与地貌。将地表上的自然、社会、经济等地理信息，按一定的要求及数学模式投影到旋转椭球面上，再按制图的原则和比例缩绘所称的图解地图。为了测绘、管理和使用上的方便，地形图必须按照国家统一规定的图幅、编号、图式进行绘制。

地形图上两点之间的距离与其实际距离之比，称为比例尺。它又分数字比例尺和直线比例尺。图式是根据国民经济建设备部门的共性要求制定的国家标准，是测绘、出版地形图的依据之一，是识别和使用地形图的重要工具，也是地形图上表示各种地物、地貌要素的符号，地形符号包括地物符号、地貌符号和注记符号。地形图四周里面的四条直线是坐标方格网的边界线，称为内图廓；四周外面的四条直线称为外图廓。当一张图不能把整个测区的地形全部描绘下来的时候，就必须分幅施测，然后统一编号，地形图的编号方法是：按照经纬线分幅的国际分幅法；按坐标格网分幅的矩形分幅法。

测绘前的准备：控制测量成果的整理，大比例尺地形图图式、地形测量规范资料的收集；测量仪器的检验和校正，以及绘图小工具的准备；坐标方格网控制；控制点的展绘。测量碎部点平面位置的基本方法：极坐标法、直角坐标法、方向交会法。地形测绘的方法：大平板仪测图法、小平板仪和经纬仪联合测图法、经纬仪测绘法、全站仪测绘法。地形图的绘制：地物描绘、地貌勾绘、地形图的拼接、地形图的整饰、地形图的检查。

绘制地形图的根本目的是使用地形图，地形图是工程建设中不可缺少的一项重要资料，因此，正确应用地形图是每个工程技术人员必须掌握的一门技能（求图上某点的坐标、两点之间的水平距离、方位角、高程、坡度的计算）。

四、水利工程测量

水利工程测量是水利工程建设中不可或缺的一个组成部分，无论是在水利工程的勘测设计阶段，还是在施工建造阶段以及运营管理阶段，都要进行相应的测量工作。

在勘测设计阶段，测量工作的主要任务是为水工设计提供必要的地形资料和其他测量数据。由于水利枢纽工程不同的设计阶段，枢纽位置的地理特点不同，以及建筑物规模大小等因素，所以不同情况下对地形图的比例尺要求各不相同，因而在为水利工程设计提供地形资料时，应根据具体情况确定相应的比例尺。

例如，对某一水系（或流域）进行流域规划时，其主要任务是研究该水系的开发方案，设计内容较多，涉及区域范围广，但对其中的某些具体问题并不一定作详细的研究。为使用方便，一般要求提供大范围、小比例尺的地形图，即流域地形图。在水利枢纽的设计阶段，随着设计的逐步深入，设计内容比较详细。因此对某些局部地区，如库区、枢纽建筑区等主体工程地区，就要求提供内容较详细、比例尺较大、精度要求较高的比例尺地形图。

由于为水利工程设计提供的地形图是一种专业性用图，因此在测量精度、地形图所示的内容等方面都有一定的特殊要求。一般来讲，与国家基本图相比，平面位置精度要求较宽，而对地形精度要求有时较严。当设计需用较大的比例尺图面时，精度要求可低于图面比例尺，即按小一级比例尺的精度要求施测大一级比例尺地形图。

在勘测设计阶段除了提供上述地形资料外，还应满足其他勘测工作的需要。如地质勘探工作中的各种比例尺的地形底图，联测钻孔的平面位置和高程，测定地下水位的高程；在水文勘测工作中测定流速、流向、水深，以及提供河流的纵横断面图等；此外，还需要为各种专用输电线、运输线和附属企业、建筑材料场地提供各种比例尺的地形图及相应的测量资料。

在水利枢纽工程的施工期间，测量工作的主要任务是按照设计的意图，将设计图纸上的建筑物以一定的精度要求测设于实地。因此，在施工开始之前，必须建立施工控制网，作为施工放样的依据。然后根据控制网点并结合现场条件选用适当的放样方法，将建筑物的轴线和细部测试于实地，便于施工人员进行施工安装。此外，在施工过程中，有时还要对地基及水工建筑物本身或基础，进行施工中的变形观测，以了解建筑物的施工质量，并为施工期间的科研工作收集资料。在工程竣工或阶段性完工时，要进行验收和竣工测量。

一个水利枢纽通常是由多个建筑物构成的综合体。其中包括有挡水建筑物（常称为大坝），它的作用较大，在它投入运营之后，由于水压和其他因素的影响将产生变形。为了监视其安全，便于及时维护和管理，充分发挥其效益，以及为了科研的目的，都应对它们进行定期或不定期的变形观测。观测内容和项目较多，用工程测量的方法观测水工建筑物几何形状的空间变化常称之为外部变形观测。通常包括水平位移观测、垂直位移观测、挠度观测和倾斜观测等。从外部变形观测的范围来看，不仅包括建筑物的基础、建筑物本身，还包括建筑物附近受水压力影响的部分地区。除外部变形观测之外，还要在混凝土大坝坝体内部埋设专用仪器，以检测结构内部的应力、应变的变化情况，这称其为内部变形观测；这种观测常由水工技术人员完成。在这一时期，测量工作的特点是精度要求高、专用仪器设备多、重复性大。

由上所述可以看出：在水利枢纽工程的建设中，测量工作大致可分为勘测阶段、施工阶段和运营管理阶段三大部分。在不同的时期，其工作性质、服务对象和工作内容不完全相同，但是各阶段的测量工作有时是交叉进行的，例如，在设计阶段为进行施工前的准备工作，亦着手布置施工控制网；而在施工期间，为了掌握施工质量，要测定地基回弹、基础沉降等，

这就是变形观测的一部分内容；在工程阶段性竣工或全部完工之后，要进行竣工测量，绘制竣工图等，其中又包括了测图的工作内容。而它们所采用的测量原理和方法以及仪器又基本相同。所以我们不能将各阶段的测量工作绝对分开，应看成是一个互相联系的整体。

水利工程测量贯穿于水工建设的各个阶段，是应用测量学原理和方法解决水工建设中相关的问题。由于近几年来，测绘仪器正向电子化和自动化方面发展，因此其精度也在不断提高。

目前各种类型的全站仪已使测角、量边完全自动化，尤其是瑞士徕卡生产的ATCI8001测量机器人，使变形观测完全自动化。它能自动寻找目标、自动观测、自动记录，真正实现了测量外业工作的自动化。同时，随着空间技术的发展，全球定位系统（GPS）精度不断提高，它可以提供精密的相对定位，特别是它不要求地面控制点之间互相通视，且可以大量减少施工控制网中的中间过渡控制点，这在水利工程测量中发挥了极大的作用，也为水工建筑物的变形观测提供远离建筑物的基准点创造了条件。

第二节　水利工程地形测量

一、水利工程地形测量概述

（一）基本概念

在水平面上的投影位置和高程进行测定，并按一定比例缩小，用符号和注记绘制成地形图的工作。水利工程地形测量指的是在水利工程规划设计阶段，为满足工程总体设计需要，在水利工程建设区域进行的地形测量工作。工程设计阶段的主要测绘工作是提供各种比例尺的地形图，但在工程设计初期，一般只要求提供比例尺较小的地形图，以满足工程总体设计的需要。随着工程设计进行的逐步深入，设计内容越来越详细，则要求测图的范围逐渐减小，而测绘的内容也就要求更加精确、详细。因此，测图比例尺也随之扩大，而这种大比例尺的测图范围又是局部的、零星的。

水利工程地形测量是水利工程测量的一部分，水利工程测量还包括施工中的放样测量，以及在施工过程中及工程建成后的运行管理阶段的变形观测。水利工程地形测量主要工作内容是指通过实地测量和计算获得观测数据，然后再利用地形图图式，把地球表面的地物和地貌按一定比例尺缩绘成地形图，为水利工程勘测、设计提供所需的测绘资料。水利工程地形测量主要包括控制测量和碎部测量，其中控制测量又包含平面控制测量和高程控制测量两部分内容。

（二）发展简况

水利工程源远流长。在中国，《史记·夏本纪》记载，公元前21世纪禹奉命治理洪水，已有"左准绳，右规矩"用以测定远近高低。在非洲，公元前13世纪埃及人于每年尼罗河洪水泛滥后，即用测量方法重新丈量划分土地。17—18世纪测量仪器进入光学时代，各种光学测绘仪器应运而生，不但使仪器精度得到较大的提高，而且使仪器的体积和重量明显降低。20世纪第二次世界大战后，航空摄影测量应用日益广泛，大面积的测图等工作一般用航测方法完成，此种方法大大减少了测量的外业工作量。20世纪50年代后，测量工作逐步吸收各种新兴技术，发展更加迅速。中国水利工程测量，自20世纪70年代后期以来，在控制测量方面，已普遍采用电子计算机技术以及电磁波测距导线、边角网等形式与优化设计方法。陆上地形测量已广泛应用航测大比例尺成图和地面立体摄影测量，并正由模拟测图逐步转向数字化、自动化测图；水下地形测量普遍应用回声探测技术，大面积水域测量开始应用微波测距自动定位系统。近年来，遥感技术已应用于地图编制、土壤侵蚀测绘和水深测量等方面，实现了利用卫星照片修测 1 ： 50000~1 ： 100000 比例尺地形图，并将逐渐实现利用卫星照片测制较大比例尺的地形图。

20 世纪 80 年代以后，出现了许多先进的地面测量仪器，为工程测量提供了先进的技术手段和工具。如光电测距仪、电子经纬仪、电子全站仪、GPS、数字水准仪、激光准直仪、激光扫平仪等，这些都为工程测量向现代化、自动化、数字化方向发展创造了有利条件。全站仪和 GPS 的应用，是地面测量技术进步的重要标志之一。全站仪利用电子手簿或自身内存自动记录野外测量数据，通过接口设备将数据传输到计算机，再利用应用软件对测量数据进行自动处理或形成特定图形文件。它还可以把由微机控制的跟踪设备加到全站仪上，能对一系列目标自动测量，实现对多个目标进行自动监测，为测绘自动化、数字化发展开辟了道路，GPS 技术因其观测速度快、定位精度高、观测简便、全天候、自动化程度高、经济效率显著以及不受地形约束等优点，已广泛应用于大地测量、工程测量以及地形测量等各个方面。全自动数字水准仪等仪器的出现，实现了几何水准测量中自动安平、自动读数和记录，使几何水准测量向自动化、数字化方向迈进。

二、主要测量方法和优缺点分析

（一）控制测量

为保证工程设计阶段各项测绘工作的顺利进行，需在工程设计区域建立精度适当的控制网。控制网具有控制全局、限制测量误差累积的作用，是各项测量工作的依据。对于地形测图，等级控制是扩展图根控制的基础，以保证所测地形图能互相拼接成为一个整体。控制测量分为平面控制测量和高程控制测量。平面控制网和高程控制网一般都是单独布设，也可以布设成三维控制网。

1. 平面控制测量

平面控制测量是为测定控制点平面坐标而进行的。平面控制网常用三角测量、导线测量、三边测量和边角测量等方法建立，所建立的控制网分别为三角网、导线网、三边网和边角网。

三角网是将控制点组成连续的三角形，然后观测所有三角形的水平内角以及至少一条三角边的长度（该边称为基线），其余各边的长度均从基线开始按边角关系进行推算，然后计算各点的坐标。三角测量是建立平面控制网的基本方法之一。三角测量法的优点是：几何条件多、结构强、便于检核；用高精度仪器测量网中角度，可以保证网中推算边长、方位角具有必要的精度。缺点是：要求每点与较多的邻点相互通视，在隐蔽地区常需建造较高的规标；推算而得到的边长精度不均匀，距起始边越远精度越低。

导线网是测定相邻控制点间边长，由此连成折线，并测定相邻折线间的水平角，以计算控制点坐标。导线测量布设简单，推进迅速，受地形限制小，每点仅需与前后两点通视，选点方便，特别是在隐蔽地区和建筑物多而通视困难的地区，应用起来较为方便灵活。随着电磁波测距仪的发展，导线测量的应用日益广泛。主要优点在于：①网中各点上的方向数较少，除节点外只有两个方向，因而受通视要求的限制较小，易于选点和降低规标高度，甚至无须造标；②导线网的网形非常灵活，选点时可根据具体情况随时改变；③网中的边长都是直接测定的，因此边长的精度较均匀。导线网的主要缺点是：①导线网中的多余观测数较同样规模的三角网要少，检核条件少，导致有时不易发现观测值中的粗差，因而可靠性不高；②其基本结构是单线推进，控制面积没有三角网大；③方位传算的误差较大。

三边网是在地面上选定一系列点构成连续的三角形，然后采取测边方式推算各三角形顶点平面位置的方法。在三边测量中，由一系列相互连接的三角形所构成的网形称为三边网。三边网要求测量网中的所有边长，利用余弦公式计算各三角形内角，从起始点和已知方位角的边出发推算各三角形顶点的平面坐标。由于用三边测量方法布设锁网不进行角度测量，推算方位角的误差易于迅速积累，所以需要通过大地天文测量测设较密的起始方位角，以提高三边测量锁网的方位精度。此外，在三角测量中，可以用三角形的三角之和应等于其理论值这一条件作为三角测量的内部校核，而测边三角形则无此校核条件，这是三边测量的缺点。当作业期间的天气条件不利于角度观测时，用微波测距仪建立二等或更低等的三边测量锁网，会获得较高的经济效益。工程测量中正在采用激光测距仪或红外测距仪布设短边的三边测量控制网。

边角测量是利用三角测量和三边测量，同时观测三角形内角和全部或若干边长，推求各个三角形顶点平面坐标的测量技术和方法。边角测量法既观测控制网的角度，又测量边长。测角有利于控制方向误差，测边有利于控制长度误差。而边角共测可充分发挥两者的优点，提高点位精度。在工程测量中，不一定观测网中所有的角度和边长，可以在测角网的基础上加测部分边长，或在测边网的基础上加测部分角度，以达到所需要的精度。

目前，由于 GPS 技术的推广应用，利用 GPS 建立平面控制网已成为主要的方法。GPS 定位技术与常规控制测量相比具有速度快、成本低、全天候（不受天气影响）、控制点之间无须通视、不需要建造规标、仪器轻便、操作简单、自动化程度高等优点，另一方面，GPS 控制网与常规控制网相比，大大淡化了"分级布网、逐级控制"的布设原则，控制点位置是彼此独立直接测定的，所以在控制测量工作中已广泛应用。但是 GPS 测量易受干扰（较大反射面或电磁辐射源），对地形地物的遮挡高度有很高的要求。

2. 高程控制测量

水利工程设计阶段所建立的高程控制主要是为各种比例尺的测图所用，但水利水电用图本身具有特殊的要求，它对地形图的精度要求较高，在库区地形图中，要求居民地有较多的高程点，以便正确估计淹没范围。水库高水位边界地带的垭口高程必须仔细测定和注记，以便判定是否修建副坝。

高程控制网主要采用水准测量和三角高程测量方法建立。虽然 GPS 用于高程控制网的建立已经取得了较大的进展，但由于其精度仍然具有较大的误差，和上述两种方法有一定差距，且正处于探索阶段，因此本文不再介绍。高程控制网可以一次全面布网，也可以分级布设。首级网一般布设成环形网，加密时可布设成附和线路或结点网。测区高程应采用国家统一高程系统。

水准测量又名"几何水准测量"，是用水准仪和水准尺测定地面上两点间高差的方法。即在地面两点间安置水准仪，观测竖立在两点上的水准标尺，按尺上读数推算两点间的高差。通常由水准原点或任一已知高程点出发，沿选定的水准路线逐站测定各点的高程。由于不同高程的水准面不平行，沿不同路线测得的两点间高差会有差异，所以在整理国家水准测量成果时，须按所采用的正常高系统加以必要的改正，以求得正确的高程。用水准测量方法建立的高程控制网称为水准网。区域性水准网的等级和精度与国家水准网一致。各等级水准测量都可作为测区的首级高程控制。小测区联测有困难时，也可用假定高程。水准测量属于直接测高，精度高，但是工作量大，测量速度慢，同时受地形影响较大，所以更适用于较平坦的区域。

三角高程测量是根据两点间的竖直角和水平距离计算高差而求出高程的，其精度低于水准测量。常在地形起伏较大、直接水准测量有困难的地区测定三角点的高程，为地形测图提供高程控制。三角高程测量可采用一路线、闭合环、结点网或高程网的形式布设。三角高程路线一般由边长较短和高差较小的边组成，起讫于用水准联测的高程点。为保证三角高程网的精度，网中应有一定数量的已知高程点，这些点由直接水准测量或水准联测求得。为了尽可能消除地球曲率和大气垂直折光的影响，每边均应相向观测。三角高程测量属于间接测高，测量速度快，且受地形影响较小，但是三角高程测量受大气折光和地球曲率影响，精度较低，必须进行改正才能达到较高的精度，而且测试过程复杂，所以通常用在大比例尺地形图中。

（二）碎部测量

碎部测量是根据比例尺要求，运用地图综合原理，利用图根控制点对地物、地貌等地形图要素的特征点，用测图仪器进行测定并对照实地用等高线、地物、地貌符号和高程注记、地理注记等绘制成地形图的测量工作。碎部点的平面位置常用极坐标法测定，碎部点的高程通常用视距测量法测定。碎部测量又分为传统测图法和数字化测图。

1. 传统测图法

传统测图法有平板仪测图法、经纬仪和小平板仪联合测图法、经纬仪（配合轻便展点工具）测图法等。它们的作业过程基本相同。测图前将绘图纸或聚酯薄膜固定在测图板上，在图纸上绘出坐标格网，展绘出图廓点和所有控制点，经检核确认点位正确后进行测图。测图时，用测图板上已展绘的控制点或临时测定的点作为测站，在测站上安置整平平板仪并定向，通过测站点的直尺边即为指向碎部点的方向线，再用视距测量方法测定测站至碎部点的水平距离和高程，然后按测图比例尺沿直尺边沿自测站截取相应长度，即碎部点在图上的平面位置，并在点旁注记高程。这样逐站边测边绘，即可测绘出地形图。

（1）平板仪测图法

平板仪由平板和照准仪组成。平板又由测图板、基座和三脚架组成；照准仪由望远镜、竖直度盘、支柱和直尺构成。其作用同经纬仪的照准部相似，所不同的是沿直尺边在测图板上画方向线，以代替经纬仪的水平度盘读数。平板仪还有对中用的对点器，用以整平的水准器和定向用的长盒罗盘等附件。测图时，应用测图板上已展绘出的相应于地面控制点 A，B 的 a，b，在 B 点安置平板仪，以 b 为极点，按 BA 方向将平板仪定向，然后用望远镜照准碎部点 C，通过 b 点的直尺边即为指向 C 点的方向线。再用视距测量的方法测定 B 点到 C 点的水平距离和 C 点的高程，按测图比例尺沿直尺边自 b 点截取相应长度，即得 C 点在图上的平面位置 c，并在点旁记其高程，随后逐点逐站边测边绘，即可测绘出地形图。

（2）经纬仪测绘法

经纬仪测绘法的实质是按极坐标定点进行测图，观测时先将经纬仪安置在测站上，绘图板安置于测站旁，用经纬仪测定碎部点的方向与已知方向之间的夹角、测站点至碎部点的距离和碎部点的高程。然后根据测定数据用量角器和比例尺把碎部点的位置展绘在图纸上，并在点的右侧注明其高程，再对照实地描绘地形。此法操作简单，灵活，适用于各类地区的地形图测绘。可在现场边测边绘。如将观测数据带回室内绘图则称为经纬仪测记法。

在碎部测量过程中，控制点的密度一般不能完全满足施测碎部的需要，因此还要增设一定数量的测站点以施测碎部。为了检查测图质量，仪器搬到下一测站时，应先观测前站所测的某些明显碎部点，以检查由两个测站测得该点平面位置和高程是否相同，如相差较大，则应先查明原因，纠正错误，再继续进行测绘。若测区面积较大，可分成若干图幅，分别测绘，最后再拼接成全区地形图。为了相邻图幅的拼接，每幅图应测出图廓外 5mm。

（3）小平板仪与经纬仪联合测图法

小平板仪与平板仪不同之处，主要在于照准设备。小平板仪的照准器由直尺和前、后规板构成，直尺上附有水准器。测图时，将小平板仪安置在控制点上以确定控制点至碎部点的方向。在旁边安置经纬仪，用视距测量的方法测定至碎部点的水平距离和碎部点的高程，定出碎部点在图上的位置，并注记高程，边测边绘。若在平坦地区，可用水准仪代替经纬仪，碎部点的高程用水准测量的方法测定。

上述的几种测量方法又被称为图解法测图。传统的图解法测图是利用测量仪器对地球表面局部区域内的各种地物、地貌特征点的空间位置进行测定，并以一定的比例尺按图式符号将其绘制在图纸上。通常称这种在图纸上直接绘图的工作方式为白纸测图。在测图过程中，观测数据的精度由于刺点、绘图及图纸伸缩变形等因素的影响会有较大的降低，而且工序多、劳动强度大、质量管理难，特别在当今的信息时代，纸质地形图已难以承载更多的图形信息，图纸更新也极为不便，因此已难以适应信息时代经济建设的需要。

2. 数字化测图

随着计算机技术的迅猛发展和科技的不断进步，其向各个领域正在不断渗透，加之电子全站仪、GPS-RTK 技术等先进测量设备和技术的广泛应用，地形测量正向着自动化和数字化方面全面发展，在此背景下，数字化测图技术便应运而生。20 世纪 90 年代初，测绘科技人员将其与内业机助制图系统相结合，形成了野外数据采集到内业成图全过程数字化和自动化的测量制图系统，人们通常将这种测图方式称为野外数字测图或地面数字测图。根据野外数据采集设备的不同，可将数字化测图分为全站仪测图和 GPS-RTK 测图两种方式。

（1）全站仪测图

电子全站仪是一种利用机械、光学、电子等元件组合而成、可以同时进行角度（水平角、垂直角）测量和距离（斜距、平距、高差）测量，并可进行有关计算并实现数据存储的一种综合三维坐标高科技测量仪器。全站仪只需要在测站上一次性安置该仪器，便可以完成该测站上所有的测量工作，故称为电子全站仪，简称全站仪。

全站仪测图的原理是：将全站仪架设在控制点上，整平、对中，将控制点位坐标、仪器高、棱镜高等相关信息输入到全站仪内，然后将棱镜垂直立在另一个控制点或图根点上并用全站仪后视测量此棱镜，此时便完成了坐标系统的构建，并在全站仪内部进行储存。此时便可用极坐标法进行地物、地形点的测量，将棱镜依次架设到地貌、地物点上，然后分别用全站的照准设备对准棱镜中心，利用全站仪的自动测角、测边功能测定测站至测点间的距离及方位角并实时计算出测点的三维坐标并进行记录，测站每换一处位置便需要仪器站观测一次。将每一个测站上的所有地物、地貌点测量完成并检验后，便可以搬到下一个测站按照上述相同的步骤进行观测，直到测完所有测站上的所有地物以及地形点。

相比于传统纸质测图来说，全站仪测图由于其便捷、快速、简单、电子存储等优点已经得到了较大的应用和发展。但是由于仪器站对棱镜站必须每点进行观测，便要求测站点与棱镜站点必须互相通视，因此受地形影响较大，每一站测站只能控制通视范围内的测点，通视范围外的测点需要另设测站进行观测，同时由于全站仪目前大都为激光测距，因此受一定距离的限制，超出该距离仪器站便无法读取棱镜站信息，因此受上述两方面因素的影响，全站仪测图适用于小范围的平坦地区作业。同时由于对中、照准等过程存在部分人为误差，对测量精度也会带来一定的影响。

（2）GPS-RTK测图

GPS实时动态定位测量简称RTK（real time kinematic）。GPSRTK系统是集计算机技术、无线电技术、卫星定位技术和数字通信技术于一体的组合系统。单基站RTK首先需要在一个基准站上假设一台GPS接收机，然后一台或多台GPS接收机安设在运动载体上，基站与运动载体上的GPS接收机间可通过无线电数据进行传输，联合测得该运动载体的实时位置，从而描绘出运动载体的行动轨迹。

RTK的工作原理是在基准站GPS和移动站GPS间通过一套无线电通信系统进行连接，将相对独立的接收机连成一个有机整体。基准站GPS把接收到的伪距、载波相位观测值和基准站的一些信息（如基准站的坐标和天线高）都通过通信系统传送到流动站，而流动站在接收卫星信号的同时，还接收基准站传送来的数据并进行处理：将基准站的载波信号与自身接收到的载波信号进行差分处理，即可实时求解出两站间的基线向量，同时输入相应的坐标，转换参数和投影参数，即可求得实用的未知点坐标。

上述全站仪测图和RTK测图只介绍了野外数据的采集，想要完成最终地形图的绘制，还需要用专门的软件进行地形图的制作。CASS是比较常用的地形地籍成图软件。上述野外数据采集后，可用CASS软件进行室内数据的传输和格式的转换统一，最后在计算机上编辑成图。不过上述两种方法均要求在野外采集数据的时候进行草图的绘制，而室内进行编辑成图时要严格按草图进行，这样才能保证成图的准确性。

三、水利工程地形测量应用现状

首先就平面控制测量方面而言，目前随着GPS静态定位技术的不断发展与完善，凭借着其速度快、全天候、高精度、低成本、操作简单等特点，GPS技术已普遍用于各个方面的控制测量工作中，并逐步取代了全站仪、经纬仪等常规测量方法用于各种类型和等级的控制网建立中。而且随着各种高精度后处理软件的出现，静态GPS定位测量技术所取得的精度也越来越高。由于水利工程地形测量区域范围较大，而且多在地形较为复杂的山区，各个控制点间距离较远，且通视条件受地形影响较大，将GPS静态定位技术用于水利工程地形测量首级平面控制网的测设过程中，可以有效解决上述距离远、通视条件差的问题，并且已取得了较好的效果。

在高程控制网方面，虽然目前将GPS测量技术用于高程控制网的建立已经做了不少探索和尝试，且其高程定位精度已经有了较大提高，但是由于高程异常、大气传播误差和多路径误差等问题的影响，目前GPS技术用于高程控制网中仍处于探索阶段，其高程定位精度仍然无法和水准测量的精度相比。精密水准测量是最原始的高程测量方法之一，是经过考核的并且得到大家认同的方法，其应用于高程传递及高程控制网的建立中仍然是目前精度最高、应用最广泛的方法。当然由于受水利工程所在山区地形条件的限制，导致水准测量无法进行的，也可以用高精度三角高程测量的方法进行高程的确定。

在碎部测量方面，近些年随着电子计算机、地面测量仪器、数字成图软件和 GIS 技术的应用而快速发展起来的数字测图技术，由于其速度快、劳动强度小、成图质量高的优点，已经广泛应用于地形图的测设过程中。目前应用最广泛的是全站仪测图和 GPS-RTK 测图。

而在水利工程地形测量中，受多方面条件的影响，可以将全站仪和 RTK 技术相结合应用于数字测图的过程也是目前较常用的一些做法，将全站仪用于较平坦的区域，将RTK 用于地形起伏较大，通视条件较差的区域，这样可以相互弥补单独使用时存在的不足，有利于提高测量精度和工作效率。

水利工程测区的重要特点就是植被覆盖茂密、高差大、交通条件差、人烟稀少。在这种环境下，目前主流的控制和碎部测量技术受到了很大约束和限制，本文通过平面控制测量、高程控制测量及碎部测量的实施方案进行对比研究，制定出行之有效的施测方案以提高劳动效率及成果质量，同时通过 GPS 静态数据与 CROS 基站数据进行计算、借助谷歌卫星影像结合航测图优化控制网的选点、延长静态同步观测时间、RTK 结合全站仪施测等技术手段及方式的使用，来解决测区由于植被、地形等客观因素带来的限制。

四、水下地形测量

（一）水下地形测量的重要性

进入 21 世纪以来，人类面临着许多严峻的问题：人口膨胀、资源短缺、环境污染等，在陆地资源告急的情况下，各国纷纷将眼光投向了大海。海洋不仅蕴藏着丰富的生物、矿藏、油气等资源，而且其本身也是国际交往的桥梁和纽带，地理位置十分重要。因此，凭借独到的海洋技术，最大限度、可持续地开发利用海洋，将是每个临海国家必须重视的战略性问题。同时，在江河、湖泊上建设发电站，其能源是环保的，并具有抗洪、抗旱等多种功能。还有整治、管理航道，确保水运畅通也是关系国计民生的大事。无论是开发河流湖泊还是开发利用海洋，都离不开水下地形测量这种基础性的测绘工作。如海底管线的铺设，首先就需要获得水下地形图；海洋上，航道的选择需要了解水下障碍物的情况，这也需要水下地形图；港口的清淤、整治工程也需要水下地形图。由此可见其重要性。

（二）水下地形测置技术及发展现状

定位和测深是水下地形测量最基本的内容，其构成了水下地形测量的两大主题。

在水面上定位先后出现了天文定位、六分仪定位、经纬仪定位、无线电双曲线定位、物理测距定位、水下声标定位、全站仪定位、GPS 定位等方法。目前，最常用的是全站仪定位和 GPS 定位。全站仪测量定位仅适用于港口及沿岸。而 GPS 定位具有全覆盖、全天候、高精度的特点，特别是 RTK 的定位精度可达厘米级，因此在水上定位得到了广泛的应用。

　　测深方面先后出现了测深杆、测深锤、回声测深仪、双频测深仪、精密智能测深仪、多波束测深系统、侧扫声呐、机载激光测深和遥感测深等方法。20 世纪 30 年代初，回声测深仪的问世替代了传统的测深杆及测深锤，这标志着水深测量技术发生了根本性变革。然而早期的回声测深仪，其精度和分辨率较低，并不能满足水下测深的要求。经过长期的努力，后来相继出现了精密回声测深仪和双频测深仪。与早期的测深仪相比，这些测深仪除了具有吃水改正、声速改正、转速恒定保证等常规功能外，还具有先进的水深数据数字化采集处理功能，具有良好的外部接口设备，并且，有些现代测深仪还引入船姿传感器从而具有涌浪补偿功能，这些高性能的测深仪有时也被称为智能测深仪。上述测深仪属于单波束测深仪，只能测得测量船下方单一位置的深度，获取的数据量较少，难以满足高效率测量的要求。在 60 年代末，多波束测深系统及侧扫声呐系统相继问世。多波束测深系统能够同时高精度地测定多个位置的水深。首台实际应用的多波束系统是美国通用仪器公司生产的 SeaBeam 系统，该系统于 1977 年正式使用。目前常用的多波束系统有：SeaBeam950.2000（美国）；Echos XD（芬兰）；Simrad EM（挪威）；HS 系列（日本）；Minichart，Bottomchart 及 Hydrosweep 系列（德国）。已装备多波束系统的国家有：美国、法国、德国、日本、澳大利亚、荷兰、印度、韩国、英国、意大利、加拿大、挪威、俄罗斯、西班牙、中国等。其中装备最多的是日本、美国和挪威。此外，我国也研制成功了多波束测深系统，且已投入使用。侧扫声呐系统可获得直观的水底地貌形态，沉积物类型及结构，以及水底沉物等方面的信息。1960 年首台侧扫声呐系统于英国海洋研究所问世。目前常见的侧扫声呐系统有 Seam ARC（美国）、GLORIA Ⅱ（英国）、CFBS-30（德国），BATHY-SCAN（英国）、SAR（法国）、Benigraph（挪威）等。80 年代还出现了集测深与海底声学成像于一身的测深侧扫声呐系统，也称为干涉法条带测深系统。目前，虽然其测深精度不及多波束测深系统，但是海底成像能力优于多波束测深系统，而且干涉法条带测深系统较简单、成本低、安装使用方便，因此有着很好的发展前景。同时，多波束测深系统也正在向轻便、低成本的方向发展，并将大幅度提高海底成像的技术水平，综合起来看，二者之间的差别正在逐步缩小，可望研制成取二者之长的新一代海底地形条带式探测系统。另外，美国、澳大利亚、加拿大、苏联和瑞典等国相继研制出机载激光测深系统，其穿透深度为 50~100m，测深精度为 $\pm 0.3 \sim \pm 1m$，不过测量深度较浅（小于 7m），一般用于海洋调查。从海洋测深角度来看，单波束精密测深仪和多波束测深系统是重要的测深设备，分别用于浅海区和深海区。

　　水下地形测量硬件发展的同时，软件也得到了飞速的发展，国内外相继出现了各种水下地形测量软件。具有代表性的是美国 Coastal Oceanographies 公司开发的 Hypackmax。它不仅仅用于水下地形测量，而是集测量设计、组合导航、数据密采、专业数据处理、成果输出及成图的综合测量软件系统，且功能强大、快速、可靠。Hypack 还是世界上少数的可以针对独立用户需求进行实时开发和定制的测量软件，其用户覆盖全球权威的水文测量机构，诸如美国和欧洲各国海岸警备队、NOAA，各国海事局及大学研究机构等。不过，Hypack 也有不足之处：一是价格昂贵；二是软件复杂，需要对施工人员进行培训；三是软件中不能自主添加功能等等。

目前，高新技术给水下地形测量带来了一场新的革命，使水下地形测量由静态向二维向动态、三维方向发展。GPS 系统、精密测深仪、多波束测深系统等高新测量系统的出现，使水上定位、水下测深由离散、低精度、低效率向全覆盖、高精度、高效率的方向发展，从而进入一个新的发展时期。然而，从目前的发展状况来看，水下地形测量理论与方法的研究远远落后于数据采集及系统的发展和应用。并且，由于未能全面顾及各种效应的影响，使得最终测深值的精度远低于测深仪器所具有的测深精度。这种差异比陆地测量更为突出，因为水上作业具有更强的动态性和实时性。因此，有必要对水上定位以及测深做更加深入的研究，充分发挥各种硬件设备的性能，尽可能更快、更好、更可靠地实现水下地形测量、水上作业。

第三节 拦河大坝施工测量

兴修水利，需要防洪、灌溉、排涝、发电、航运等综合治理。一般由若干建筑物组成一个整体，称为水利枢纽。水利枢纽示意图，其主要组成部分有：拦河大坝、电站、放水涵洞、溢洪道等。

拦河大坝是重要的水工建筑物，按坝型可分为土坝、堆石坝、重力坝及拱坝等（后两类大中型多为混凝土坝、中小型多为浆砌块石坝）。修建大坝需按施工顺序进行下列测量工作：布设平面和高程基本控制网，控制整个工程的施工放样；确定坝轴线和布设控制坝体细部放样的定线控制网；清基开挖的放样；坝体细部放样等。对于不同筑坝材料及不同坝型施工放样的精度要求有所不同，故内容也有些差异，但施工放样的基本方法大同小异。

一、土坝的控制测量

土坝是一种较为普遍的坝型。根据土料在坝体的分布及其结构的不同，其类型又有多种。

土坝的控制测量是根据基本网确定坝轴线，然后以坝轴线为依据布设坝身控制网以控制坝体细部的放样。

（一）坝轴线的确定

对于中小型土坝的坝轴线，一般是由工程设计人员和勘测人员组成选线小组，深入现场进行实地踏勘，根据当地的地形、地质和建筑材料等条件，经过方案比较，直接在现场选定。

对于大型土坝以及与混凝土坝衔接的土质副坝，一般经过现场踏勘、图上规划等多次调查研究和方案比较，最终确定建坝位置，并在坝址地形图上结合枢纽的整体布置，将坝轴线标于地形图上，为了将图上设计好的坝轴线标定在实地上，一般可根据预先建立的施工控制网用角度交会法测设到地面上。

坝轴线的两端点在现场标定后，应用永久性标志标明。为了防止施工时端点被破坏，应将坝轴线的端点延长到两面山坡上。

（二）坝身控制线的测设

坝身控制线一般要布设与坝轴线平行和垂直的一些控制线。这项工作需在清理基础前进行（如修筑围堰，在合拢后将水排尽，才能进行）。

1. 平行于坝轴线的控制线的测设

平行于坝轴线的控制线可布设在坝顶上下游线、上下游坡面变化处、下游马道中线，也可按一定间隔布设（如10m、20m、30m等），以便控制坝体的填筑和进行收方。

2. 垂直于坝轴线的控制线的测设

垂直于坝轴线的控制线，一般按50m、30m或20m的间距以里程来测设，其步骤如下。

（1）沿坝轴线测设里程桩。

由坝轴线的一端定出坝顶与地面的交点，作为零号桩，其校号为0+000。

然后由零号桩起，由经纬仪定线，沿坝轴线方向按选定的间距丈量距离，顺序钉下0+030、060、090等里程桩，直至另一端坝顶与地面的交点为止。

（2）测设垂直于坝轴线的控制线。将经纬仪安置在里程桩上，定出垂直于坝轴线的一系列平行线，并在上下游施工范围以外用方向桩标定在实地上，作为测量横断面和放样的依据，这些桩亦称横断面方向桩。

（三）高程控制网的建立

用于土坝施工放样的高程控制，可由若干永久性水准点组成基本网和临时作业水准点两级布设。基本网布设在施工范围以外，并应与国家水准点连测，组成闭合或附合水准路线，再用三等或四等水准测量的方法施测。

临时水准点直接用于坝体的高程放样，其布置在施工范围以内不同高度的地方。临时水准点应根据施工进程及时设置，并附合到永久水准点上。

二、土坝清基开挖与坝体填筑的施工测量

（一）清基开挖线的放样

为使坝体与岩基很好地结合，在坝体填筑前，必须对基础进行清理。为此，应放出清基开挖线，即坝体与原地面的交线。

清基开挖线的放样精度要求不高，可用图解法求得放样数据在现场放样。为此，先沿坝轴线测量纵断面。即测定轴线上各里程桩的高程，绘出纵断面图，求出各里程桩的中心填土高度，再在每一里程桩进行横断面测量，绘出横断面图，最后根据里程桩的高程、中心填土高度与坝面坡度，在横断面图上套绘大坝的设计断面。

（二）坡脚线的放样

清基以后应放出坡脚线，以便填筑坝体。坝底与清基后地面的交线即为坡脚线，下面介绍两种放样方法。

1. 横断面法

仍用图解法获得放样数据。首先恢复轴线上的所有里程桩，然后进行纵横断面测量，绘出清基后的横断面图，最后套绘土坝设计断面。

2. 平行线法

这种方法以不同高程坝坡面与地面的交点获得坡脚线。在地形图上确定土坝的坡脚线，是用已知高程的坝坡面（为一条平行于坝轴线的直线），求得它与坝轴线间的距离，以获得坡脚点。平行线法测设坡脚线的原理与此相同，不同的是由距离（平行控制线与坝轴线的间距为已知）求高程（坝坡面的高程），而后在平行控制线方向上用高程放样的方法，定出坡脚点。

（三）边坡放样

坝体坡脚放出后，就可填土筑坝，为了标明上料填土的界线，每当坝体升高 1m 左右，就要用桩（称为上料桩）将边坡的位置标定出来。标定上料桩的工作称为边坡放样。

（四）坡面修整

大坝填筑至一定高度且坡面压实后，还要进行坡面的修整，使其符合设计要求。此时可用水准仪或经纬仪按测设坡度线的方法求得修坡量（削坡或回填度）。

三、混凝土坝的施工控制测量

混凝土坝按其结构和建筑材料相对土坝来说较为复杂，其放样精度也比土坝要求高。施工平面控制网一般按两级布设，不多于三级，精度要求最末一级控制网的点位中误差

不超过 ±10mm。

（一）基本平面控制网

基本网作为首级平面控制，一般布设成三角网，并应尽可能将坝轴线的两端点纳入网中作为网的一条边。根据建筑物重要性的不同要求，一般按三等以上三角测量的要求施测，大型混凝土坝的基本网兼作变形观测监测网，其要求更高，需按一、二等三角测量要求施测。为了减少安置仪器的对中误差，三角点一般建造混凝土观测墩，并在墩顶埋设强制对中设备，以便安置仪器和视标。

（二）坝体控制网

混凝土坝采取分层施工，每一层中还分跨分仓（或分段分块）进行浇筑。坝体细部常用方向线交会法和前方交会法放样，为此，坝体放样的控制网——定线网，有矩形网和三角网两种，前者以坝轴线为基准，按施工分段分块尺寸建立矩形网，后者则由基本网加密建立三角网作为定线网。

1. 矩形网

直线型混凝土重力坝分层以坝轴线为基准布设矩形网，它是由若干条平行和垂直于坝轴线的控制线所组成的，格网尺寸按施工分段分块的大小而定。

2. 三角网

由基本网的一边加密建立的定线网，各控制点的坐标（测量坐标）可测算求得。但坝体细部尺寸是以施工坐标系为依据的，因此应根据设计图纸求得施工坐标系原点的测量坐标和坐标方位角，然后换算为便于放样的统一坐标系统。

（三）高程控制

分两级布设，基本网是整个水利枢纽的高程控制。视工程的不同要求按二等或三等水准测量施测，并考虑以后可用作监测垂直位移的高程控制。作业水准点或施工水准点，随施工进程布设，尽可能布设成闭合或附合水准路线。作业水准点多布设在施工区内，应经常由基本水准点检测其高程，如有变化应及时改正。

四、混凝土坝清基开挖线的放样

清基开挖线是确定对大坝基础进行清除基岩表层松散物的范围，它的位置根据坝两侧坡脚线、开挖深度和坡度决定。标定开挖线一般采用图解法。和土坝一样先沿坝轴线进行纵横断面测量绘出纵横断面图，由各横断面图上定坡脚点，获得坡脚线及开挖线。

实地放样时，可用与土坝开挖线放样相同的方法，在各横断面上由坝轴线向两侧量距得开挖点。如果开挖点较多，可以用大平板仪测放也较为方便。方法是按一定比例尺将各断面的开挖点绘于图纸上，同时将平板仪的设站点及定向点位置也绘于图上。

在清基开挖过程中，还应控制开挖深度，所以在每次爆破后及时在基坑内选择较低的岩面测定高程（精确到 cm 即可），并用红漆标明，以便施工人员和地质人员掌握开挖情况。

五、混凝土重力坝坝体的立模放样

（一）坡脚线的放样

基础清理完毕，便可以开始坝体的立模浇筑，立模前首先找出上、下游坝坡面与岩基的接触点，即分跨线上下游坡脚点。

（二）直线型重力坝的立模放样

在坝体分块立模时，应将分块线投影到基础面上或已浇好坝坡脚放样示意图的坝块面上，模板架立在分块线上，因此分块线也叫立模线，但立模后立模线会被覆盖，所以还要在立模线内侧弹出平行线，称为放样线，用来立模放样和检查校正模板位置。放样线与立模线之间的距离一般为 0.2~0.5m。

1. 方向线交会法
2. 前方交会（角度交会）法

方向线交会法简易方便，放样速度也较快，但往往受到地形限制，或因坝体浇筑逐步升高，挡住方向线的视线不便放样，因此在实际工作中可根据条件将方向线交会法和角度交会法结合使用。

（三）拱坝的立模放样

拱坝坝体的立模放样，一般多采用前方交会法。放样数据计算时，应先算出各放样点的施工坐标，而后计算交会所需的放样数据。

模板立好后，还要在模板上标出浇筑高度。其步骤一般在立模前先由最近的作业水准点（或邻近已浇好坝块上所设的临时水准点）在仓内酌设两个临时水准点，待模板立好后曲脑时水准点按设计高度在模板上标出若干点，并以规定的符号标明，以控制浇筑高度。

第四节　河道测量

一、测量的任务

测量工作在水利工程中起着十分重要的作用。我国的水资源按人口平均是很少的，只有世界人均占有水量的四分之一。但因我国地域辽阔，水资源总量居世界第六位，而且许多未能开发利用。为了合理开发和利用我国的水资源，治理水利工程的规划设计阶段、建筑施工阶段和运行管理阶段都离不开测量工作。

对一条河流进行综合开发，使其在供水、发电、航运、防洪及灌溉等方面都能发挥最大的效益。在工程的规划阶段，应该对整个流域进行宏观了解，进行不同方案的分析比较，确定最优方案，这时应该有全流域小比例尺（例如采用 1 ∶ 50000 或 1 ∶ 100000）的地形图。当进行水库的库容与淹没面积计算时，为了正确地选择大坝轴线的位置时，这时应该采用较小比例尺（例如采用 1∶10000~1∶50000）的地形图。坝轴线选定后，在工程的初步设计阶段，布置各类建筑物时，应提供较大比例尺（例如 1 ∶ 2000~1 ∶ 5000）的地形图。在工程的施工设计阶段，进行建筑物的具体形状、尺寸的设计，应提供大比例尺（例如 1 ∶ 500~1 ∶ 1000）的地形图。另外，由于地质勘探及水文测验等的需要，还要进行一定的测量工作。

在工程的建筑施工阶段，为了把审查和批准的各种建筑物的平面位置和高程，通过测量手段，以一定的精度测设到现场，首先要根据现场地形、工程的性质以及施工组织设计等情况，布设施工控制网，以作为放样的基础。然后，再按照施工的需要，采用适当的放样方法，按照猫画虎规定的精度要求，将图纸上设计好的建筑物测设到实地，定点划线，以指导施工的开挖与砌筑。另外，在施工过程中，有时还要进行变形观测。工程竣工后，还要测绘竣工图，以作为工程完工后的验收资料，并为今后工程扩建或改建提供第一手资料。在工程的运行管理阶段，需要对水工建筑物进行变形观测。以便了解工程设计是否合理，验证设计理论是否正确，同时也为水工建筑物的设计和研究提供重要的数据。对水工建筑物进行系统的变形观测，能及时掌握建筑物的变化情况，能及时了解建筑物的安全与稳定情况，一旦发现异常变化，可以及时采取相应措施，以防止事故的发生。水工建筑物的变形观测工作，大体上分为外部观测和内部观测两类。在施工单位实施项目施工时，外部观测项目由测量部门负责；内部观测项目由实验或科研单位负责。在管理工作上，一般将外部、内部观测工作，统一由观测班、组承担。水工建筑物的变形观测项目，主要包括大坝的水平位移、垂直位移（又称沉陷）、裂缝、渗漏观测等。

二、河道测量概述

河道对人们来说有提供灌溉、泄洪、航运和动力等有利的一面，但是又有危害人们的另一面。

为了兴利除害，就必须进行河道的整治。要正确的整治河道，必须了解河道及其附近的地形情况掌握它的演变规律，而河道测量就是对河道进行调查研究的一个重要的方法。

河道测量是江、河、湖泊等水域测量的总称。为了充分开发和利用水力资源以获得廉价的电力，为了更好地满足工业与居民用水的需求，为了使农田免受旱涝灾害以增加生产，为了整治河道以提高航运能力，应该对河道进行合理的裁弯取直、拓宽、加深甚至兴建各种水利工程。在这些工程的勘测设计中，除了需要路上地形图外，还需要了解水下地形情况，测绘水下地形图。它的内容不像路上地形图那样复杂，其根据用途目的，一般可用等高线或等深线表示水下地形。

在水利工程的规划设计阶段，为了拟定梯级开发方案，选择坝址和水头高度，推算回水曲线等，都应编绘河道纵断面图。河道纵断面图是河道纵向各个最深点（又称深泓点）组成的剖面图。图上包括河床深泓线、归算至某一时刻的同时水位线、某一年代的洪水位线、左右堤岸线以及重要的近河建筑物等要素。

在水文站进行水情预报时，在研究河床变化规律和计算库区淤积确定清淤方案时，在桥梁勘测设计中，决定桥墩的类型和基础深度，布置桥梁的孔径等时，都需要施测河道的横断面图。河道横断面图是垂直于河道主流方向的河床剖面图。图上包括河谷横断面、施测时的工作水位线和规定年代的洪水位线等要素。

另外，河道纵断面图，完全是依据河道横断面图绘制的。

三、河道控制测量

河道测量与陆上测量的原理相同，即先作陆上控制测量，后测绘水下地形（含纵横断面的水下部分），河道控制测量包括平面控制测量和高程控制测量。

（一）平面控制测量

1. 当测区原有的控制点能满足河道测量的精度与密度要求时，应充分予以利用，故不再另布设新控制网。当测区已有的地形图的比例尺和精度能满足要求时，容许依据地形图上的明显地物点作为测站，将沿河水位点和横断面位置等测绘于图上，作为编绘纵断面图的基本资料。

2. 当测区没有适合的平面控制和地形图可利用时，应按《水测规范》的规定布设首级平面控制网（图根级）。

例如，对中、小河道进行测量时，通常用经纬仪导线作为平面控制。根据实际情况，把导线布置在河道一岸的堤顶上或者沿着河岸布置。对于大河道，由于河面宽，堤防高，在一边布置导线，对施测河道另一边的地形就会有困难，所以可考虑用小三角测量作为平面控制。导线和小三角应该尽量与国家控制点连接，如果连接有困难，最好在两端分别观测方位角，以便校核。

（二）高程控制测量

施测河道纵、横断面布设基本高程控制时，在水准路线长度一定的情况下，河流比降愈大，水准测量的等级愈低；反之，则水准测量的等级愈高。这样使水准测量的误差，在测定河流比降时，对其影响最小。

中、小河道可以采用五等或四等水准测量作为高程控制。在进行五等或四等水准测时，应该以高一级的水准点为起闭点，采用附和或闭合水准路线。五等或四等水准测量的路线不要紧靠导线，可以选择在平坦和坚硬的大路上进行。为了便于连测导线点，在观测过程中，一般每隔 1~2km 测设一个临时水准点，并尽可能设置在坚固的建筑物上，如石桥、涵闸、房屋角等适当的部位。

根据测设的临时水准点，用普通水准测量的方法，采用附、闭合水准路线，测定导线点的高程。

（三）河道控制测量特点

1. 平面和高程控制网，应靠近平行于河流岸边布设，并尽可能将各横断面端点、水文站的水准基点及连测水位点高程的临时水准标志等直接组织在基本控制网内。

2. 如果重新布设平面和高程控制网，其坐标系统和高程起算基准面，应与计划利用的原有测绘资料的系统一致。

3. 五等水准点、平面控制点和横断面端点的埋石数量，应在任务书中明确规定。

4. 固定标石应埋在常年洪水位线以上。靠近库区边缘的标石，应尽可能埋在正常高水位线以上。以保证标石的安全，而且在洪水季节也能进行测量工作。

四、水位观测

（一）水位观测概述

水位即水面高程。在河道测量中，水下地形点的高程是根据测深时的水位减去水深计算得到的，因此，测深时必须进行水位观测。这种测深时的水位称为工作水位。由于河流、湖泊水位受各种因素的影响并且随季节性变化，为了准确反映一个河段上的水面比降，则需要测定该河水段上各处同一时的水位，这种水位称为同时水位。此外，由大量降雨或融雪的影响，造成河水超过滩地或漫出两岸地面时的水位，这种水位称为洪水位。洪水位是进行水利工程设计和沿河安全防护必不可少的基本资料。

在水位观测中，采用的基准面有绝对和相对两种。绝对基准面就是采用国家统一的高程基准面，以"1956 年黄海高程系"为绝对基准面或以"1985 年高程基准"为基准面。以前采用"1956 年黄海高程系"为绝对基准面的水位，必要时应根据它与"1985 年国家基准"的关系进行换算，使以前的观测资料能够继续应用。相对基准面又称测站基准面，它是采用观测河段历年最低枯水位以下 0.5~1.0m 处的平面作为测站基准面。

1. 水位观测的基本知识

在进行河道横断面或水下地形测量时，如果作业时间较短，河流水位又比较稳定，则可以直接测定水位线的高程作为计算水下地形点高程的起算依据。如果作业时间较长，河流水位变化不定时，则应设置水尺随时进行观测，以保证提供测深时的准确水面高程。

水下地形点的高程等于水位减水深，因此，水位最好与测量水深同时进行。水位等于水尺零点高程与水面截取水尺读数之和。

由于河流水面涨落是不断变化的，所以水尺读数也随时发生变化。然而待观测的水深点一般较多，因此不可能与测深相对应的时间都进行观测水位。在实际工作中，一般可根据水域特性、测深时段和精度要求，采用定时观测水位，绘制水位与时间曲线。

水位观测时应遵守下述规定：

（1）水位观测，根据具体情况，确定观测时间和观测水位的次数，并将观测结果及时刻（年、月、日、时、分）计入手簿。

（2）为保证观测精度，观测水尺读数时，应蹲下身体使视线尽量平行于水面读取，而且每次均应读出相邻波峰与波谷的水尺读数各两次，当两次波峰与波谷中数的较差小于 1cm 时，取平均值作为最后结果。水尺读数应该读至 mm，读数时应特别注意水尺上 dm、cm 读数的正确性，每次观测后对大数必须进行复核。

（3）在水位观测中，应充分利用原有水文站，观测水位的时间应尽量与水文站相一致，或请水文站人员按规定时间代为观测。

2. 临时水准站的布设

在河道测量中，如果河道沿线原水水位站或水文站不能满足要求时，可根据河流特点

与水文工作者共同研究，适当布设临时水位点进行补充。临时水位站一般可供规划设计阶段或施工阶段观测水位。它的设备较简单，即要每个临时水位站附近，设立一个临时水准点，并根据河流特性，设置直立式或矮桩式水尺。水尺由木桩、水尺板、螺栓的垫木组成。

设置水尺的原则是：既要能观测最低水位，也要能观测最高水位。应用较多的为直立式水尺；当水尺易受水流、漂浮物撞击、河床土质松软时，可设置矮桩式水尺，它是由一连串短木桩组成，各木桩通过临时水准点测定其高程。

《水测规范》规定，临时水位站的水尺零点高程，根据临时水准点测定，而临时水准点的高程，则根据相邻水位之间的落差，可作支线水准或附合水准，按五等水准测量施测。

3. 同时水位的测定

为了在河道纵、横断面上绘出同时水位线，或提供各河段水面落差等资料，一般均

需测定同时水位。但在河段比降大，水位变化小，且用工作水位能满足规划设计要求时，可用工作水位代替同时水位线。根据河道长度、水面比降、水位变化大小和生产的要求，测定同时水位的方法有多种，现主要介绍两种。

（1）工作水位法

在不同时间内测定各水位点的高程，然后，从两端水文站或临时水位站的水位资料来换算同时水位。若河道较长，可分为若干河段，每段均以水位站作为起止点。现将具体作业方法介绍如下：

1）根据任务要求，对河道作适当分段，然后，逐段测定水位点高程。

2）作业出发前，所有观测人员应核对时间，使上、下游两水位点的时间一致。

3）在选出的水位点处设立水边桩，测量出水面与桩顶的高差，并读出刻度，计入手簿。为了便于观测，可采用引沟或其他防浪措施使水面稳定。

4）从临时水位点连测出水边桩的高程。按五等水准观测精度，转站次数最多不得超过3站。

（2）瞬时水位法

在规定的同一时刻，连测出全部水位点的高程，具体作业步骤如下：

1）作业出发前，观测员应核对时表，并规定测量水面高程的同一时刻。

2）在选出的水位点处挑一水边桩，并在上、下游各约5m处再打两个检查桩。水边桩的位置应在测量水位时不致因水位下落而使木桩离开水边。

3）在规定的同一时刻，迅速量出水面与桩顶的高差，即木桩顶上的水深。高差取一次波峰与波谷的中数。水边桩的高程仍按肖法（4）测定。当由3个桩推得的水位无显著矛盾时，以主桩观测结果为准。

4）各水边桩桩顶高程的连测，以在测量水面与各桩顶水深前、后两天之内进行为宜。

4.同时水位的换算

当观测的河段较短时，可采用瞬时水位法测定的成果为同时水位。若施测的河段较长，观测力量不足时，可采用工作水位法。由工作水位换算为同时水位时，其改正数的计算方法，可根据不同地区，选用下述方法之一。

（1）由两个水位站与各水位点间的落差求改正数

此法系假定改正数的大小与两水位站和各水位点间的落差成正比进行内插。此种方法对于平原与山区河道均适用。

（2）由距离求改正数

此法是假定各水位点落差改正数的大小与水位站和水位点间的距离成正比，即按距离进行内插求改正数。它通常适用于平原河道。

5.洪水调查测量

进行洪水调查时，应请当地年长居民指出亲眼看见的最大洪水淹没痕迹，回忆发水的具体日期。洪水痕迹高程用五等水准测量从临近的水准点引测确定。

洪水调查测量一般应选择适当的河段进行。选择河段应注意以下几点：

（1）为了满足某一工程设计需要而进行洪水调查时，调查河段应尽量靠近工程地点。

（2）调查河段应当稍长，并且两岸最好有古老村庄和若干易受洪水浸淹的建筑物。

（3）为了准确推算洪水流量，调查段内河道应比较顺直，各处断面形状应相近，且有一定的落差；同时无大的支流加入，无分流和严重跑滩现象，不受建筑物大量引水、排水和变动回水的影响。

在弯道处，水流因受离心力的作用，凹岸水位通常高于凸岸水位而出现横向比降，两岸洪水位差有的可达 3m 以上。根据弯道水流的特点，应在两岸多调查一些洪水痕迹，以两岸洪水位的平均值作为标准洪水位。

五、水深测量

水深即水面至水底的垂直距离。为了求得水下地形点的高程，必须进行水深测量。

深测量根据河流特性、水深、流速、水域通航情况，按测量工具的不同，测深工作可分为下述几种方法。

（一）测深杆测深

测深杆简称测杆。它适用于流速小于 1m/s 且水深小于 5m 的测区。其测深读数误差不大于 0.1m。测深杆一般用长度为 6~8m、直径 5cm 的竹竿、木杆或铝杆制成。从杆底设置底盘，用以防止测深时测杆下陷而影响测深精度。

测深时，应将测杆斜向测点上游插入水中，当测杆到达与测点位置成垂直状态时，读取水面所截杆上读数，即为水深。

（二）测深锤测深

测深锤测深一般适用于流速小于 1m/s、水深小于 15m 的测区。在险滩、急流和其他无法通行测船，而必须在皮筏上测深时，也适合采用。

测深时，应将测深锤向上游投掷，当测绳成垂直状态的一瞬间立即进行读数。读数前，应将测绳松弛部分拉紧并稍向上提后迅速落下，当证实测锤确实抵达水底时，读数方为有效。有浪段应将波浪影响记入读数内。在堆积岩石河段测深时，为了避免测锤被岩石卡住，读数后应立即提锤。若在皮筏或小船上测深时，可在水平处抓住测绳，提锤后再读数。

（三）测深铅鱼测深

在水浅流急不能行船的测段，可将重量为 15~50kg 的铅鱼安装在断面索上测深。在水深急流测区，可将测深铅鱼安装在船工上使用。

全套测深铅鱼设备应符合下述要求：

（1）为了保证测深铅鱼在水中的稳定性，铅鱼尾翼不应短于鱼身全长的一半。在淤泥中测深时，可在铅鱼底部加一个带孔垫板。

（2）钢丝测绳的粗度应根据铅鱼重量和流速而定，一般绳粗与鱼重之比是1mm：10kg。绳粗一般不大于5mm。

（3）夹叉量角器能随测绳的不同方向绕其垂直轴转动。滑轮计数器应与测绳相应地转动，但测绳在计数器上不能滑动。

（4）绞车上应有一个制动器，并能轻快地转动，使操纵绞车的工作人员能感觉到测深铅鱼已触及水底为准。

（5）测定测绳偏角所使用的量角器的零点，应置于测绳垂直状态的位置上。

测深前可根据测区水深、铅鱼重量、绳粗及偏角检查情况，在测区内不同流速与深度的地方，校测一定数量的测点，并编制出本地区的经验改正表，以便使用。投放铅鱼时，应认真操作，注意安全，防止事故。每点测完后，可将铅鱼提离水底适当高度。若铅鱼挂于水下障碍物时，应速放测绳并停止测船前进，然后设法取出铅鱼并检查测绳有无损坏。

六、河道纵横断面测量

在河道纵横断面测量中，主要工作是横断面图的测绘。河道横断面图及其测量成果即是绘制河道断面图（和水下地形图）的直接依据。

（一）河道横断面测量

河道横断面图是垂直于河道主流方向的河床剖面图，图上应包括河谷横断面、施测时的工作水位线和规定年代的洪水位线等要素。

1.断面基点的测定

代表河道横断面位置并用作测定断面点平距和高程的测站点，称为断面基点。在进行河道横断面测量之前，首先必须沿河布设一些断面基点，并测定它们的平面位置和高程。

（1）平面位置的测定

断面基点平面位置的测定有两种情况：

1）专为水利、水能计算所进行的纵、横断面测量，通常利用已有地形图上的明显地物点作为断面基点，对照实地打桩标定，并按顺序编号，不再另行测定它们的平面位置。对于有些无明显地物可作断面基点的横断面，它们的基点须在实地另行选定，再在相邻两明显地物点之间用视距导线测量测定这些基点的平面位置，并按坐标展点法（或量角器展点法）在地形图上展绘出这些基点。根据这些断面基点可以在地形图上绘出与河道主流方向垂直的横断面方向线。

2）在无地形图可利用的河流上，须沿河的一岸每隔 50~100m 布设一个断面基点。这些基点的排列应尽量与河道主流方向平行，并从起点开始按里程进行编号。各基点间的距离可按具体要求分别采用视距、量距、解析法测距和红外测距的方法测定；在转折点上应用经纬仪观测水平角，以便在必要时（如需测绘水下地形图时）按导线计算各断面点的坐标。

断面基点和水边点的高程，应用五等水准测量从邻近的水准基点进行引测确定。如果沿河没有水准基点，则应先沿河进行四等水准测量，每隔 1~2km 设置一个水准基点。

2. 横断面方向的确定

在断面基点上安置经纬仪，照准与河流主流垂直的方向，倒转望远镜在本岸标定一点作为横断面后视点。由于相邻断面基点的连线不一定与河道主流方向平行，所以横断面不一定与相邻基点连线垂直，应在实地测定其夹角，并在横断面测量记录手簿上绘一个略图注明角值，以便在平面图上标出横断面方向。

为使测深船在航行时有定向的依据，应在断面基点和后视点插上花杆。

3. 陆地部分横断面测量

在断面基点上安置经纬仪，照准断面方向，用视距法依次测定水边点、地形变换点和地物点至测站点的平距及高差，并计算出高程。在平缓的匀坡断面上，应保证图上 1~3cm 有一个断面点。每个断面都要测至最高洪水位以上；对于不可能到达的断面点，可利用相邻断面基点按前方交会法进行测定。

4. 河道横断图的绘制

河道横断面图的绘制方法与公路横断面图的绘制方法基本相同，用印有毫米方格的坐标纸绘制。横向表示平距，比例尺一般为 1 : 1000 或 1 : 2000；纵向表示高程，比例尺为 1 : 100 或 1 : 200。绘制时应当注意：左岸必须绘在左边，右岸必须绘在右边。因此，绘图时通常以左岸最末端的一个断面点作为平距的起算点，标绘在最左边，将其他各点对断面基点的平距换算成对左岸断面端点的平距，再去展绘各点。在横断面图上应绘出工作水位（实测水位）线；已经调查了洪水位的地方应绘出水位线。

（二）河道纵断面的绘制

河道纵断面图是根据各个横断面的里程桩号（或从地形图上量得的横断面间距）及河道深泓点、岸边点、堤顶角肩点等的调高程绘制而成。在坐标纸上以横向表示平距，比例尺为 1 : 1000~1 : 10000；纵向表示高程，比例尺为 1 : 100~1 : 1000。为了绘图方便，事先应编制纵断面成果表，表中除列出里程桩号和深泓点、左右岸边点、左右堤顶的高程等外，还应根据设计需要列出同时水位和最高洪水位。绘图时，从河道上游断面桩起，依次向下游取每一个断面中的最深点展绘到图纸上，连成折线即为河底纵断面。按照类似方法绘出左右堤岸线或岸边线、同时水位线和最高洪水位线。

第三章 防洪工程规划与设计

第一节 防洪规划发展

一、防洪与防洪规划

20 世纪 60 年代以后，世界各地先后出现不同规模的洪涝灾害，各国也都依据本国的实际情况主动展开了防洪规划的编制工作，并取得显著成果。随着人类社会科学水平的发展与提高，防洪规划工作技术水平也日益提高，诸多学者将工程水文学应用于水文分析、洪水分析；将水力学、水工结构学、河流动力学、泥沙运动学等专门技术，应用于河道开发治理；把工程经济学应用于多种规划方案的经济评价与比较分析。并逐步形成了包含调查方法、计算技术、规划方案论证等较完整的近代水利规划的理论体系，为以可持续发展为中心的规划提供了标准和评价方法。

1993 年密西西比河发生洪涝灾害以后，各国均意识到仅仅依靠工程措施没有办法彻底阻挡特大洪水的生成，反而有可能承担更大的损失。洪水灾害频发证明传统防洪理念已经难以处理现在的防洪问题，人类必须探索更为合理的、科学的防洪措施和洪水控制方法。于是美国提出的防洪非工程措施成为人们关注的焦点，诸多国家开始结合自身情况利用这种方法抵御洪水。防洪工程措施和非工程措施的结合，使得诸多国家洪水控制的能力有了很大的提高。

有关防洪措施的制定，世界各国大同小异，普遍都是选取工程措施与非工程措施相结合。以工程措施为主，非工程措施为辅，构建完整的防洪体系。其中，工程措施一般是根据流域或区域洪灾的成因和特性选取水库、河道、堤防和分滞洪工程对洪水进行拦蓄、排泄和分滞，也就是通常所说的"上蓄、中疏、下排、适当地滞"的治理方针。非工程措施包括泛洪区的规划管理、洪水预报和警报、加强立法和防洪规划、建立洪水保险及加强水土保持建设等。

我国防洪规划的开展主要经历了以下几个时期：20 世纪 50、60 年代，防洪规划制定和水利工程修建仅针对局部地区或单一目标的兴利除弊为土；70、80 年代，科学技术不断提升，逐步形成了现代水利科学，并日益成熟，施工水平也得到提高，大规模水利建设面向多目标开发；90 年代，开始逐渐重视节约水资源、保护水环境，并制定相关法规、引进现代化管理，综合治理水资源和水环境；进入 21 世纪后，社会经济的发展导致用水量骤增，部分地区水资源短缺、水环境恶化、水资源受到污染，为了达到可持续发展的需要，开始提出"人水和谐"的主题。

然而目前制定的防洪规划大都是大江大河的流域防洪规划或者城市防洪规划，对于中小河流区域的防洪规划研究较少，故而有必要对区域防洪规划进行进一步的深入探讨，确保中小河流及其周边地带的防洪安全。虽然世界各国对防洪安全已形成共识，但是由于社会发展状况及经济基础水平的不同，具体措施的制订与施行方式也不相同，但是通过研究各国防洪现状和经验、防洪管理水平的发展、遭遇的问题及发展趋势，对制定区域防洪规划极具现实意义。

二、城市防洪规划研究

城市作为区域的政治、经济、文化中心，必须合理制定防洪规划，以确保城市安全。随着社会的繁荣，经济水平的提升，生产力水平的提高，我国城市飞快发展，城市水平也越来越高，导致城市地区人口密集，财富集中。同时城市还是国家和地区的政治、经济、文化的发展中心，及交通枢纽。因此，洪水一旦危害到城市，其所造成的经济损失要远超过非城镇地区，因此城市防洪一向是防洪的重点。

洪水给城市带来巨大的风险的同时，城市发展也对洪水形成造成一定的影响。城市对洪水造成影响的因素包括：气候因素、自然地理因素和人为因素。以下两方面加重了我国城市洪水灾害：一是城市洪水灾害的承受体急剧增加，洪灾损失不断提升；二是城市化发展过快，导致城市内涝加重；其中城市化发展过快是引发我国城市洪灾加剧的最主要因素。

城市"热岛效应"影响降水条件，导致局部暴雨出现频率加大。城市化改变了土地利用方式和规模，改变了流域下垫面条件，增加了不透水面积，减少了土壤水和地下水的补给，导致地表径流加大。同时，城市中管网密布，雨水汇集时间缩短，洪峰流量提高，雨洪径流总量提升。

因此随着我国城市的发展，城市防洪是我国防洪的重点。早在 1981 年国务院就提出了城市防洪除了每年汛期要做好防汛工作外，特别要从长远考虑，结合江河规划和城市的总体建设，做好城市防洪规划、防洪建设、河道清障和日常管理工作。1987 年以后我国陆续确定北京、长春、上海、济南、武汉等 31 座城市为全国重点防洪城市。然而我国城市防洪依旧存在着一连串的问题：城市防洪标准低；防洪工程不配套；防洪技术水平低；防洪管理落后。

而西方发达国家城市防洪工作的发展远超我国，尤其是近 20 多年来，发达国家特别重视对洪水的控制管理，并采取了一系列的措施：①加强城市的雨水调蓄能力，例如日本在一些公共场所修建雨水收集装置、贮水池、透水砖等一切可利用的方式，调蓄雨洪，加强雨水利用；②在工程建设过程中注重工程的施工质量，因此发达国家不一定谋求高标准的防洪建设，但是绝对会追求高质量的工程建设，例如使用浆砌石或大型预制块修砌堤防的护坡，即使发生洪水满溢现象，也能保证堤防的安全；③注重提高民众的防洪安全意识，例如美国制定的 21 世纪防洪战略，即全民防洪减灾战略，就是充分调动民众的积极性来迎接洪水挑战；④重视洪水控制方面的科学研究，在美国很多科研机构和政府部门专门从事洪水方面的科学研究，并进行了大量的实际调查研究工作，还定期召开学术会议，同时也取得了杰出的研究成果。

第二节　城市化对洪水的影响

一、城市化及其影响

城市化是指人类生产和生活方式由乡村型向城市型转化的历史过程，表现为乡村人口向城市人口转化以及城市不断发展和完善的过程。从城市地理学的角度分析，城市化也就是城市用地的扩张，同时，城市的文化、生活方式和价值观也传播到农村地区。

城市化是当今社会发展的主流趋势，也是文明进步必然的趋势，还是一个涉及社会、经济、政治、文化等多个因素的复杂的人口迁移过程。城市化发展必然出现以下几种情况：①城市人口增加，城市人口比重不断提升，农业人口向非农业人口转换；②产业结构发生变化，由第一产业逐渐向第二、第三产业转换；③居民消费水平不断提高；④城市人民的生活方式、价值观及城市文明渗透、传播和影响到农村地区，即城乡一体化；⑤人们的身体素质不断提升。

我国的城市发展与工业发展不协调的过程持续了较长一段的时期。1987 年以前，由于非城镇化工业战略和政策的实施，我国城市化发展很缓慢，表现为城市化不足。1987年以后，随着改革开放和经济持续发展，我国城市进入一个新的发展阶段。我国城市具有以下特点：①我国城市构成丰富，甚至拥有世界级超大城市、特大城市；②城市分布不均衡，我国一线、二线城市大都分布在中东部地区，只有少量分布在我国西部地区；③城市配套设计不完善，人均绿地面积、住房等条件低于世界平均水平，且污染严重。

城市发展象征着人类科学的进步以及改造自然能力的提高。城市发展拓展了人类的生存空间，提高了人类生存的物质条件，同时也改变了物质循环过程和能量转化功能，致使生态环境发生转变。因此，城市化不仅给人类社会带来了巨大变化，也对生态环境造成了巨大影响，引发人类文明与自然的冲突。例如，人口增加，致使城市资源短缺、交通道路拥挤，交通建设引起尘土飞扬、水土流失及噪声污染等；工业化发展导致工厂林立，造成空气污染、水资源污染、噪声污染等问题加剧。城市人民长期受这些有害污染的影响，导致人们的健康受损，并诱发各种疾病。

二、城市化水文效应

水文效应是指受自然或人为因素的影响，地理环境发生改变，从而引起水循环要素、过程、水文情势发生变化。城市化水文效应是指城市化引起的水文变化及其对环境的干扰或影响，对城市水文效应的研究更加注重城市化发展过程中人类活动对水循环、水量平衡要素及水文情势的影响及反馈。

随着城市高密度、集约化的发展，人口不断集中，土地面积不断增加，土地利用情况发生巨大变化，城市地区建筑物和工厂持续修建，下垫面透水性能降低，河网治理及排水管网系统的完善，造成产汇流过程的变化，影响雨洪径流的形成过程，迫使水文情势发生变化；

同时，民众生活质量提升、工厂数目的增长，废气污水随意排放、城市污染严重，造成城市地区水环境发生严重变化。可见在城市化发展过程中，城市对水文的影响日益加重，致使城市化发展可能出现下列水文效应，见表3-1：

表 3-1 城市化可能出现的水文效应

城市化过程	可能的水文效应
树和植物的清除	蒸散发量和截留量减少；水中悬浮固体及污染物增加，下渗量减少和地下水位降低，雨期径流增加以及基流减少
房屋、街道、下水道建造初期	增加洪峰流量和缩短汇流时间
住宅区、商业区和工业区的全面发展	增加不透水面积，减少径流汇流时间，径流总量和洪灾威胁大大增加
建造雨洪排水系统和河道整治	减轻局部洪水泛滥，而洪水汇集可能加重下游的洪水问题

城市化导致人类与自然之间的矛盾加剧，城市的聚集效应及土地利用变化，甚至在某种程度上，引发了局部气候变化，扰乱了城市水文生态系统。城市化的水文效应主要表现在以下几个方面：对水量平衡的影响；对水文循环过程的影响，例如城市下垫面条件变化导致的蒸发、降水、径流特征变化；对水环境的影响，例如对城市地表水质、地下水质的影响及对水上流的影响；对水资源的影响，主要为用水需求量的增加以及由于污染而造成的水的去资源化。

三、城市化对洪水的影响

城市人口、建筑物及工商企业的高度密集，天然地表被住宅、街道、公共设施、工厂等人工建筑取代，致使地表的容蓄水量、透水性、降雨和径流关系都发生明显改变。引发城市典型气候特征——热岛效应，继而引发城市"雨岛效应"，致使城市范围内的降雨强度明显大于周围地区，汛期的雷暴雨量也相应增加。同时下垫面的人为改变及排水系统的完善，降低了调洪能力，提高了汇流速度，汇流系数增加，城市地区汇流过程发生显著变化。这些因素共同作用对洪水产生明显作用。

（一）城市下垫面变化

城市化引起的土地利用 / 覆盖变化是流域下垫面改变的主要原因，是人类活动改变地表最深刻、最剧烈的过程。土地利用变化包括土地资源的数量、质量的变化，还包括土地利用的空间结构变化及土地利用类型组合方式的变化。换句话说，城市土地利用变化也是城市对自然的改造过程，即自然土地利用变成了人工土地利用。较早之前就有研究结果明确指出：在较短的时间内，影响水文变化的因素，其一是土地利用变化。土地利用 / 覆盖变化通过影响下垫面的种类、地区蒸散发过程，改变地表径流形成的条件，进而影响水文过程。

表 3-2 土地利用 / 覆盖变化的水文效应

土地利用与土地覆被变化	地表径流	河川径流	径流系数	蒸散发	洪涝	水土流失	水质
森林遭受破坏，森林覆盖率下降（湿润地区增加）	湿润地区增加	减小	减小	增加	增加	增加	下降
	干旱地区增加	减小	增加	减小	增加	增加	下降
城市不透水面积增加	增加	减小	增加	减小	增加		下降
围垦水域	增加	减小	增加	减小	增加	增加	下降
旱荒地改水川，旱地改水浇地	减小	增加	减小	增加	增加		下降

由上表可知，土地利用灌溉变化通过改变地表截留量、蒸发量及土壤水分状况等，影响地表的调蓄能力，对城市水文循环产生一定的作用；另一方面，土地利用 / 覆盖变化改变了洪水运行路径，进而影响了洪水汇流时间、洪峰流量及洪水总量。

综合上述分析可知，城市化对自然环境最直观的影响表现为改变了地表下垫面的特性，弱化了地面透水性能，导致了径流过程、散发过程和生态过程的改变。且 UNESC0（联合国教育科学及文化组织）的研究报告中也系统地论述了，城市化进程引起的水文效应中，最显著的是城区不透水面积骤增导致下渗能力降低、洪峰流量增大。也有学者认为城市化对下垫面的影响还包括河道断面的改变。天然流域下渗能力较强，但是大范围的人工硬化地面取代了自然的绿地，扩大了不透水面覆盖范围，形成了具有城市特性的径流过程。同时，由于下渗能力减弱导致的下渗量减少，致使补给地下水含水层的水量减少，导致地下水水位下降，对河道枯水期补给能力降低。而城市河道整治，使河道顺直，水流畅通，糙率降低，过水能力加强，水流速度加快，加剧了对河床的冲刷。

概括来说，城市下垫面的变化对于城市气候、河流、降雨、洪水径流过程、水土保持以及城市水质等诸多方面均造成一定的影响。

（二）城市气候的变化

城市气候是指在同一区域气候的背景上，由于受到城市特殊下垫面和人类活动的强烈影响，在城市地区形成不同于当地区域气候的局部气候。可见城市发展从诸多方面对气候形成产生了影响，虽然这种差异还不足以改变区域气候的基本特征，但是对各项气候要素（如气流、温度、能见度、湿度、风和降水等）还是具有一定影响。

城市化导致的地表变化是影响气候形成的重要因素之一，地表与大气接触，二者之间存在着水分、热量及物质之间的交换与平衡；同时地面是空气运动的界面，但是大范围硬化地面取代了自然条件下的地面，致使地面的不透水性、导热性均发生变化。由此可知下垫面变化产生的影响直接反映在城市的气温、湿度、风速等气候因素上。

城市气候的基本特征表现为：

（1）出现城市热岛效应。它是城市地区大量人为热量的释放造成的结果，是城市气候的典型特征之一；以及城市内部高度密集的工业、人口和众多高层建筑物吸收大量太阳辐射，其阻碍空气流通，降低风速，导致城市热空气不能及时扩散；同时由于不透水地面和建筑物的覆盖，雨水通过城市排水管网迅速排出，使得城市的蒸发较小，空气湿度较低。故而，热岛效应导致市区温度明显高于其周边地区。

（2）在城市热岛效应的影响下，城市大气层不稳定，形成对流，当空气湿度符合一定条件时，则会形成对流雨；在工业废气、汽车尾气、建筑粉尘的影响下，城市上空的颗粒物质及污染物含量明显提升，为降水提供了大量凝结核，成为降雨的催化剂，增加了降雨概率；同时由于城市建筑林立，阻碍了降水系统的转移，延迟了降雨时间，加大了降雨强度。这种情况也被称为城市"雨岛效应"。

（3）由于城市地表渗水性能较差；雨水排水管网系统日益完善，能够迅速排除地表降水；城市绿化相对较少，绿地面积小于郊区，植物水分散发量小；加之热岛效应使城市地区气温偏高，从而致使城市地区的蒸散发量明显低于郊区。

（4）在城市生产、生活过程中，大量的废热、有害气体及粉尘的排放，造成大气质量下降，形成雾霾，影响了空气的能见度，但是为云雾形成提供了丰富的凝结核。

随着我国城镇数量和规模的急剧扩张，城市化对于气候的作用愈发明显，而且城市占地范围越广，城市气候就愈发明显。就水文方面来说，一些地区某些气候特征的变化，如温度、湿度、降水等气候特征，都直接或间接地影响了城市防洪、水污染防治和城市水资源等。

（三）城市对径流形成的影响

城市化发展过程中，对于径流量的影响主要取决于下垫面的变化，而城市地区人为硬化地面的增加，导致城市地区不透水面积增加，下渗能力降低，蓄水能力减弱，汇流速度提高，地表径流量增长，地下水水位下降。由诸多试验结果可知，随着不透水面的增大，涨洪段变陡，洪峰滞时缩短，退水时段减少。也有研究资料表明，天然流域状态下蒸散发量占降水量的 40%，下渗量占 50%，地表径流量仅占 10%。

天然流域和完全城市化流域两种极端情况的比较：天然流域降雨过程中，部分降雨被植物截留后通过蒸散重新发回到大气中，而未被植物截留的部分则经过填洼、下渗到土壤中，当土壤含水量达到饱和，形成径流，汇入河道，形成的流量过程线比较平缓；而完全城市化流域中，填洼和下渗量几乎为零，且受下垫面影响，致使降雨很快形成径流，增大了河流的流量，且形成的流量过程线较为陡峭。

（四）城市化对洪水的影响

近年我国许多大城市，例如北京、武汉、广州等，遭遇暴雨威胁，洪涝灾害造成的损失迅速增长，其阻碍了城市的发展，甚至对人民生命财产安全造成巨大的威胁。城市作为自然—社会—经济的复合开放地域系统，城市洪涝灾害也可以看作是全球—流域—城市不同地域尺度、不同子系统的变化共同作用的结果，其影响因子见表 3-3。

表 3-3　城市洪涝的影响因子

地域尺度	影响因子
全球气候变化	极端天气和气候事件，海平面上升引发风暴潮、海水入侵、排水不畅等
流域水系生态变化	不合理的土地利用，乱砍滥伐，水土流失，河道改造，水质恶化，农田开垦，城市所在地区自然地理条件和水文特性等
城市化	城市不透水面积增加，森林绿地减少，湿地减少，城市热岛、雨岛效应，排水管网铺设，地面沉降，河道水系人工化排洪排涝工程老化，视洪水为灾、以排水为主的雨水管理模式，人口财富的高度密集等

诸多城市洪涝灾害频发，究其根源还是城市化发展造成的。随着城市发展的不断深化，地表被不透水的硬化地面所覆盖，导致下渗量明显降低，径流量显著增加；加之排水系统不完善，对于较大强度的暴雨，难以及时排出，造成城市被淹，凸显了城市防洪体系的不足。

通过分析城市地区洪水特性可知：城市化发展导致该地区单位线的洪峰流量大约是城市化以前的 3 倍，洪峰历时相对缩短了 1/3；暴雨径流产生的洪峰流量预见期约是自然状态下的 24 倍，这取决于不透水面积的大小、河道的整治情况、河道植被以及排水设施等。由此可知，洪峰流量的增长与城市不透水面积、雨水排水系统的覆盖面积、流域面积及汇流时间存在一定的经验关系。

同时，城市化发展对洪水造成的影响不仅仅在于常遇洪水洪峰流量的增加，还包括洪水重现期的缩短。Wilson 的研究结果表明：完全城市化的流域多年平均洪峰流量要比相似的农村地区增大 4.5 倍，而 50 年一遇洪峰流量值也要增大 3 倍。同时城市化发展还导致城市河道被侵占，河道调蓄能力下降，洪水发生频率增加，百年一遇洪水出现的概率增加了 6 倍。

第三节　区域防洪规划

一、防洪规划

洪水作为一种自然水文现象，在人类社会发展过程中是不可避免的，然而洪水所造成的灾害在全球范围内越来越频繁，强度越来越大，造成的影响与损失也越来越大。根据调查研究可知，全球各种自然灾害所造成的损失中，洪涝灾害占40%，是自然灾害之首。因此，为了减少洪水发生的可能、降低洪灾损失，必须采取一定措施。然而单一的防洪手段与防洪措施，往往只能在一定程度上降低洪水的威胁，且常常顾此失彼，带来各种问题。所以需要对已施行和即将施行的防洪手段和措施制定合理规划，结合地区自然地理条件、洪水特性及洪灾的危害程度等方面，制订和实施总体防洪规划，建立起有效的防洪体系。

防洪规划是指为了防治某一流域、河段或者区域的洪水灾害而制定的总体安排。根据流域或河段的自然特性、流域或区域综合规划对社会经济可持续发展的总体安排，研究提出规划的目标、原则、防洪工程措施的总体部署和防洪非工程措施规划等内容。规划的主要目标是江河流域，其主要研究内容包括：工程措施布置、非工程措施应用、河流总体方案制定、洪水预警系统建立、洪泛区管理及防洪政策与法规的制定等。

防洪规划的类型包括流域防洪规划、河段防洪规划和区域防洪规划。流域防洪规划是以流域为基础，为防治其范围内的洪灾而制定的方案，其主要注重干流左、右岸地区的防洪减灾；区域防洪规划是为了保护区域不受洪水危害而制定的方案，是流域防洪规划的一部分，应服从流域整体防洪规划，并与之相协调，但对于某些重点防护区域，区域防洪规划又具有防洪特点和应对措施，因此区域防洪规划与流域防洪规划有一定关联，又有自身的独立性；而河段防洪规划则是针对规划河段的自然状况及流域发展情况制定的，不同河段状况不同，导致其侧重点不同，由此可知河段防洪规划是流域防洪规划的补充，应服从流域整体规划。

防洪规划作为一项专业水利规划，是水利建设的前期工作。它主要是针对诱发洪灾的原因及未来趋势，根据社会的需求，提出适合的防洪标准，利用先进的计算方法和计算手段，计算防洪保护区的设计洪水位，并结合当地的其他水利规划，制定防洪规划方案，以满足区域的防洪要求，为社会和经济的发展提供保护。因此防洪规划的主要目可概括为：在充分了解河水流动特性的基础上，合理规划各种防洪措施，提高江河防洪的能力，减少洪水造成的损失。

（一）规划的主要内容

防洪规划的主要内容包括：在调查研究的基础之上，确定其防洪保护对象、治理目标、防洪标准及防洪任务；确定防洪体系的综合布局，包括设计洪水与超标洪水的总体安排及其相对应的防洪措施，划定洪泛区、蓄滞洪区和防洪保护区，并明确规定其使用原则；对已拟定的工程措施进行方案比选，初步选择合适的工程设计特征值；拟定分期实施方案，估算施工所需投资；对环境影响和防洪效益进行评价；编制规划报告等。

（二）规划的目标和原则

防洪规划的目标是根据所在河流的洪水特性以及历时洪水灾害，规划范围内国民经济有关部门及社会各方面对防洪的要求及国家或地区政治、经济、技术等条件，考虑需要与可能，研究制定保护对象在规划水平年应达到的防洪标准和减少洪水灾害损失的能力，还包括尽可能地防治毁灭性灾害的应急措施。

防洪规划的制定应遵循确保重点、兼顾一般，遵循局部与整体、需要与可能、近期与远景、工程措施与非工程措施、防洪与水资源综合利用相结合的原则。在制定研究具体方案的过程中，要充分考虑洪涝规律和上下游、左右岸的要求，处理好蓄与泄、一般与特殊的关系，并注意国土规划与土地利用规划相协调。

（三）规划的标准

防洪标准是各种防洪保护对象或水利工程本身要求达到的防御洪水的标准，即受保护对象不受洪水损害且最大限度所能抵御的洪水标准。其中保护对象是指容易受到洪水的危害，进而有必要实施一定的措施，确保其安全的对象。在制定防洪标准时，依照防洪的要求，结合社会、经济、政治情况，综合论证然后再加以确定。在条件允许时，可采取不同防洪标准所能降低的洪灾经济损失与防洪所需的费用对比的方法，合理确定防洪标准。

在我国防洪标准通常是通过某一重现期的设计洪水体现。防洪标准的高低，直接取决于保护对象的规模、重要性、洪灾的严重性及洪灾对国民经济影响程度。然而多方面的因素影响防洪标准的制定，例如实测的水文、气象资料，工程的规模等级，防洪保护区的经济发展状况等。为了保障人民生命财产安全，我国建设部和质检总局联合发布了GB 50201—2011《防洪标准》（征求意见稿），制订了城市与乡村的防洪标准，见表3-4和表3-5。

表3-4 城市保护区的防护等级和防洪标准

防护等级	重要性	常住人口／万人	经济当量人口	防洪标准重现期／年
I	特别重要	150	＞300	＞200
II	重要	150～50	300~100	200~100
III	比较重要	50～20	100～40	100~50
IV	一般	＜20	＜40	50～20

表 3-5 乡村保护区的防护等级和防洪标准

防护等级	户籍人口/万人	耕地面积/万亩	经济当量人口/万人	防洪标准重现期/年
Ⅰ	150	> 300	> 75	100 ~ 50
Ⅱ	150 ~ 50	300~100	75 ~ 25	50 ~ 30
Ⅲ	50 ~ 20	100 ~ 30	25 ~ 10	30 ~ 20
Ⅳ	< 20	< 30	< 10	20 ~ 10

　　根据防洪保护对象的不同需要，防洪标准可采用设计一级或者设计、校核两级。当防洪保护区的地理条件比较复杂时，可根据规划范围内的地理条件和经济发展条件等因素，将规划范围划分成为多个防洪保护分区，然后依照保护对象的重要性、洪灾损失的严重性，结合可行的防洪措施，通过技术经济比较，并依照国家颁布的标准，合理选用适当的防洪标准。保证在合理使用防洪工程时，能够承受低于防洪标准的洪水，也能够确保保护对象及工程自身的安全。

二、区域防洪规划

　　区域防洪规划是防洪规划的一种类型，本文上文已经提及区域防洪规划应以流域防洪规划为指导，并与之相协调，同时区域防洪规划还应服从区域整体规划。区域整体规划是指在一定地区范围内对整个国民经济建设进行的总体的战略部署。由此可见区域防洪规划自身具有其独特性。

　　区域作为一个可以独立施展其功能的总体，其自身具有完整的结构。然而以区域为研究对象的防洪规划，其规划区域未必是一个完整的流域，可能只是某个流域的一部分，甚至是由多个流域的部分组成，这是区域防洪规划与流域防洪规划最大的不同点。

　　由此可见在进行区域防洪规划制定时，可以根据区域的自然地理情况，将规划区域划分成多个小区域分别进行防洪规划。例如可以根据区域的地理条件将该区域分为山丘区、平原区分别进行规划，也可以根据区域中河流的数量，将其划分为小流域进行规划。

三、城市防洪规划

　　城市作为区域的中心，其人口密集，经济发达，一旦发生洪水将造成巨大的损失，故而对于在区域防洪规划中，城市的防洪规划显得尤为重要。城市防洪规划是以流域规划和城市整体规划为指导，根据城市所在地区的洪水特性，兼顾当地的自然地理条件、城市发展需要和社会经济状况，全面规划、综合治理、统筹兼顾。其主要任务包括：结合当地的自然地理条件、洪水特性、洪灾成因和现有防洪设施，从实际出发，建立必要的水利设施，提高城市的防洪管理能力、防洪水平，确保城市正常工作；当出现超标洪水时，有积极的应对方案，可以保证社会的稳定，保护人民的生命财产安全，把损失降到最低。

城市防洪规划是城市防洪安全的基础，与城市的发展息息相关。因此，城市防洪规划既要提高城市防洪的能力，为可持续发展提供防洪保障；又要与城市水环境密切结合，营造人水和谐共处的环境。因此，城市防洪规划应做到：①城市防洪规划与流域、区域防洪规划相辅相成、相互补充；②积极调整人水关系，突出"以人为本"的理念；③防洪标准要适应防洪形势的变化；④城市防洪规划应当是总体规划的一部分，要充分考虑城市发展的要求；⑤治涝规划要与城市水务相结合；⑥城市防洪规划与城市景观建设相结合，以提高城市水环境。

（一）城市防洪规划的原则

城市防洪规划应制定应遵循的原则如下：

（1）必须与流域防洪总体规划和区域整体规划相协调，根据当地洪水特征及影响，结合城市自然地理条件、社会经济状况和城市发展需要，全面规划、综合治理、统筹兼顾、讲究效益。

（2）工程措施与非工程措施相结合。工程措施主要为水库、堤防、防洪闸等；而非工程措施则包括洪水预报、防洪保险、防汛抢险、洪泛区管理、居民应急撤离计划等。根据不同洪水类型，例如暴雨洪水、风暴潮、山洪、泥石流等，制定防洪措施，构建防洪体系。重要城市制定应对超标洪水的对策，降低洪灾损失。

（3）城市防洪是流域防洪的重要组成部分。城市防洪总体规划设计时，特别是堤防的布置，必须与江河上、下游和左、右岸流域防洪设施相协调，同时还要处理好城乡接合部不同防洪标准堤防的衔接问题。

（4）城市防洪规划是城市总体规划的一部分。防洪工程建设应与城市基础设施、公用工程建设密切配合。各项防洪设施在保证防洪安全的前提下，结合工程使用单位和有关部门的需求，充分发挥防洪设施的多功能作用，提高投资效益。

（5）城市内河及左、右岸的土地利用，必须服从防洪规划的要求。涉及城市防洪安全的各项工程建设，例如道路、桥梁、港口码头、取水工程等，其防洪标准不得低于城市的防洪标准；否则，应采取必要的措施，以满足防洪安全要求。

（6）注意节约用地。防洪设施选型应因地制宜，就地取材，降低工程造价。

（7）应注意保护自然生态环境的平衡。由于城市天然湖泊、注地、水塘是水环境的一部分，其可以保护及美化城市，对其应予以保护。同时保护自然生态环境，可以达到调节城市气候、洪水径流，降低洪灾损失的目的。

（二）城市防洪排涝现状

城市作为国家政治、文化、经济的中心，其安全直接关系着国计民生，因此无论是国家防洪战略还是区域防洪规划都将城市防洪视为重点。然而城市化发展引发城市水文特性的变化，导致洪峰流量和洪水总量的增加，使现有防洪工程承担了巨大的压力；同时，由于城市暴雨径流的增加，现状的排水设施难以满足城市排水的要求，导致近年来诸多城市发生严重内涝，严重影响人民的生活及社会安定。

（三）城市防洪排涝存在的问题

虽然新中国成立以来国家制定颁布了一系列措施以加强城市地区的防洪工作，并取得了一定的成效，但是我国城市防洪工作起步还是相对较晚，防洪水平也相对较低，防洪技术相对落后，致使防洪工作仍然存在着一系列的问题。

1. 城市防洪标准低

城市防洪标准指的是整个城市防洪体系应当具备的抵抗洪水的综合能力。城市防洪标准的制定直接关系着城市的安全，对此部分发达国家城市防洪标准制定得相对较高，例如日本常采用的标准能达到 100~200 年一遇的水平；美国、瑞士常采用的标准能达到 100~500 年一遇的水平；伦敦和维也纳的标准甚至达到 1000 年一遇的水平。然而，目前我国防洪标准达到国家规定标准的城市比例为我国现有城市的 28%，其中，防洪标准在百年一遇之上的城市比例仅为 3%，其余城市现行的防洪标准均低于规定的防洪标准。

2. 城市内涝问题突出

城市发展过程中，为了抵御外江洪水的入侵，一些城市在周围修葺了大量堤防，却忽略了城区排水设施的同步建设，导致不少城市的排水标准不足，排水设施老化，排水能力严重不足。然而城市的发展引发城市"热岛效应"与城市"雨岛效应"导致城市地区暴雨发生的概率和强度增加，排水系统的不完善导致城市内涝日益严重。

城市治涝规划是为了排除城市内涝，保障城市安全所指定的规划，包括治涝标准分析、治涝区划分、排水管网规划、排涝河道治理。排水管网规划一般由城建部门承担，其他三方面由水利部门承担。在我国排水管网系统在设计时所选用的重现期一般为 1~3 年，重要地区所采用的重现期为 3~5 年。由此可见城市排水标准远远低于城市防洪标准，这也是城市内部遇到较大强度的降雨时，城市内部积水不能及时排除，城市内部积水严重的原因之一。

同时城市的发展还造成城市内部洪水与涝水难以区分。"洪水"与"涝水"都是由于降雨产生的，"洪水"是客水带来的水位上涨，是暴雨引起的一种自然现象；而"涝水"是指城区内降水来不及排泄而造成的城市部分地区积水的现象。虽然"洪水"与"涝水"的定义非常明确，二者的特性也不相同，但是对于具体地区二者又相互关联，难以区分。

3. 规划滞后

目前我国城市防洪规划严重落后，许多城市缺乏完整的防洪规划。同时城市经济水平的差异，导致部分城市在制定防洪规划时不顾及流域防洪整体规划，随意改变防洪标准，此举加大了下游城市的防洪压力，甚至影响了整个流域的防洪整体规划。同时，我国许多城市的部分防洪工程建设时期较早，建筑物已使用多年并发生老化现象，导致现有的防洪工程基础较差；同时对于防洪建筑物缺乏日常维护与管理，重点工程带病作业，导致容易出现各种险情。

4. 防洪治涝技术和管理水平低

构建完整的防洪体系，先进的技术和有效的管理手段必不可少，例如洪水预报、预警系统、3S 技术（遥感、卫星定位、地理信息系统）对于及时了解洪水水情和灾情，指挥抗洪抢险，减免城市洪涝灾害损失具有重要作用。目前这些新技术在我国还处于起步阶段，导致防洪治涝技术发展和洪水应对机制的建设与管理还比较薄弱，这对城市防洪减灾建设造成了巨大的影响。

第四节　设计洪水

设计洪水是指符合设计标准的洪水，是水利水电工程在建设过程中的依据。设计洪水的确定是否合理，直接影响江河流域的开发治理、工程的等级及安全效益、工程的投资及经济效益，因此设计洪水计算是水利工程中必不可少的一项工作。

设计洪水计算是指水利水电工程设计中所依据的设计标准（由重现期或频率表示）的洪水计算，包括正常运行洪水和非常运行洪水两种情况，设计洪水计算的内容包括推求设计洪峰流量、不同时段的设计洪水总量以及设计洪水过程线三个部分。因此，在工程规划设计阶段，必须考虑流域上下游、工程和保护对象的防洪要求，计算相应的设计洪水，以便进行流域防洪工程规划或确定工程建筑物规模。

一、洪水设计标准

由于洪水是随机事件，即使是同一地区，每次发生的洪水均有一定差别，因此需要为工程设计规划所需的洪水制定一个合理的标准。防洪设计标准是指担任防洪的水工建筑物应具备的防御洪水能力的洪水标准，一般可用相应的重现期或频率来表示，如 50 年一遇、100 年一遇等。我国目前常用的设计标准为以下两种形式：①正常运行洪水也称频率洪水，通过洪水的重现期（频率）表示，是诸多水利工程进行防洪安全设计时所选用的洪水；②非常运行洪水即最大可能洪水，其使用具有严格限制，通常在水利工程一旦失事将对下游造成非常严重的灾难时使用，故将其作为一级建筑物非常运用时期的洪水标准。

防洪标准作为水利工程规划设计的依据。如果洪水标准定得过大，则会造成工程规模与投资运行费用过高，但项目却比较安全，防洪效益较大；反之，如果洪水标准设得太低，虽然项目的规模与投资运行成本降低，但是风险增加，防洪效益减小。根据设计原则，通过最经济合理的手段，以确保设计项目的安全性、适用性和耐久性满足需求。因此，采用多大的洪水作为设计依据，关系着工程造价与防洪效益，最合理的方法是在分析水工建筑物防洪安全风险、防洪效益、失事后果及工程投资等关系的基础之上，综合分析经济效益，考虑事故发生造成的人员伤亡、社会影响及环境影响等因素选择加以确定。

二、设计洪水的计算方法

进行设计洪水计算之前，先确定要建设的水利工程的等级，然后确定主要建筑物和次要建筑物的级别。然后根据规范确定与之相对应的设计标准，再进行设计洪水计算。所谓设计洪水的计算，就是根据水工建筑物的设计标准推求出与之同频率（或重现期）的洪水。根据工程所在地的自然地理情况、掌握的实际资料、工程自身的特征及设计需求的不同，计算的侧重点也不相同。对于堤防、桥梁、涵洞、灌溉渠道等无调蓄能力的工程，只需考虑设计频率的洪峰流量的计算；对于蓄滞洪区工程，则需要重点考虑设计标准下各时段的洪水总量；而对于水库等蓄水工程，洪水的峰、量、过程都很重要，故需要分别计算出设计频率洪水的三要素。

目前，常用的计算设计洪水的方法，根据工程设计要求和具体资料，大体可分为以下几种：

（1）由流量资料推求设计洪水。该方法通常采用洪水频率计算，根据工程所在位置或其上下游的流量资料推求设计洪水。通过对资料进行审查、选样、插补延长及特大洪水处理后，选取合适的频率曲线线型，例如 P-In 型曲线，对曲线的参数进行合理估算，推求设计洪峰流量，对于洪水过程线的推测，常用的办法是选择典型洪水过程线，然后加以放大，放大方法包括同倍比放大法和同频率放大法。

（2）由暴雨资料推求设计洪水。该方法是一种间接推求设计洪水的方法，主要应用于工程所在地流量资料不足或人为因素破坏了实测流量系列的一致性的地区，根据工程所在地或邻近相似地区的暴雨资料，以及多次可供流域产汇流分析计算用的降水、径流对应观测资料来推求设计洪水。该方法与方法（1）可统称为数理统计法，也称为频率分析法。

（3）最大可能洪水的推求。一些重要的水利水电工程常采用最大可能洪水即校核洪水作为非常运用下的设计洪水。其通过可能最大暴雨推求最大可能洪水，该计算方法与利用一定频率的设计暴雨推求设计洪水基本相同，即通过流域的产汇流计算最大可能净雨过程，然后进行产汇流计算，推求出可能最大洪水。

综上所述，其实亦可将洪水计算归纳为两种计算途径：一是数理统计法，认为暴雨和洪水是随机事件，通过运用数理统计学原理及方法，进行一定频率的设计洪水计算，此方法也被称作频率分析法；二是水文气象法，认为暴雨或洪水是必然发生事件，通过应用水文学与气象学的原理，通过一定方法，推求出可能出现的最大暴雨或洪水，即可能最大暴雨或可能最大洪水。频率分析法主要是基于短期洪水资料，通过拓展频率曲线推导出各种设计标准对应的设计洪水，利用该方法推求的设计洪水，具有明显的频率特性，但其物理生成过程难以确定；水文气象法是以现有的强降雨数据作为研究对象，再联系计算区域的特性以及工程自身要求，通过推求可能最大降水，进而推导出最大可能洪水，该方法的物理成因具有良好的解释，但无明确的频率概念。

（一）由流量资料推求设计洪水

应用数理统计的方法，由流量资料推求设计洪水的洪峰流量及不同时间段的洪量，称为洪水频率计算。根据《水利水电工程设计规范》规定，对于大中型水利工程应尽可能采用流量资料进行洪水计算。由流量资料推求设计洪水主要包括洪水三要素：设计洪峰流量、设计时段洪量和设计洪水过程线。

1. 资料审查与选样

由流量资料推求设计洪水一般要求工程所在地或上下游有 30 年以上放入实测流量资料，并对流量资料的可靠性、一致性和代表性进行审查。可靠性审查就是要鉴定资料的可靠程度，其侧重点主要检查资料观测不足或者整理编制水平不足的年份，以及对洪水较大的年份，通过多方面的分析论证确定其是否满足计算需求。一致性审查是为了确保洪水在一致的情况下形成，若有人类活动影响，例如兴建水工建筑物、进行河道整治等对天然流域影响较为明显的情况，应当进行还原计算，确保从天然流域得到洪水资料。资料的代表性审查是指检验样本资料的统计特性能否真实地反映整体特征、代表整体分布。但是洪水的整体是无法确定的，所以通常来说，资料统计时间越长，且包括出现大、中、小各种洪水年份，其代表性越好。

选样是指从每年的全部洪水过程中，选取特征值组成频率计算的样本系列作为分析对象，以及如何从持续的实测洪水过程线上选取这些特征值。选样常用的方法有：年最大值法（AM）和非年最大值法（AE）。

2. 资料插补延长及特大洪水的处理

如果实测流量系列资料较短或有年份缺失，则应当对资料进行插补延长。其方法有：当设计断面的上下游站有较长记录，且设计站和参证站流域面积差不多，下垫面情况类似时，可以考虑直接移用；或者利用本站同邻近站的同一次洪水的洪峰流量和洪水量的相关关系进行插补延长。

特大洪水要比资料中的常见洪水大得多，其可能通过实测资料得到，也可能通过实地调查或从文献中考证而获得（也称历史洪水）。由于目前我国河流的实测资料系列还较为缺乏，因此根据实测资料来推求百年一遇或千年一遇等稀有洪水时，难免会有较大的误差。通过历史文献资料和调查历史洪水来确定历史上发生过的特大洪水，就可以把样本资料系列的年数增加到调查期限的长度，以增加资料样本的代表性。但是这样得到的流量系列资料是不连续的，故一般用来计算洪水频率的方法不能用于该系列，因此对有特大洪水的系列需要进行进一步研究处理。对于有特大洪水的流量资料系列，往往采取特大洪水和常见洪水的经验频率分开计算的方法。目前常用的方法有两种：独立样本法和统一样本法。

3. 洪水频率计算

根据规范规定"频率曲线线型一般采用皮尔逊Ⅲ型。特殊情况下，经分析论证后也可以采用其他线型"。选定合适的频率曲线线型后，可通过矩法、概率权重矩法或权函数法估计参数的初始值，再利用数学期望公式计算经验频率。将洪峰值对应其经验频率绘制在频率格纸上，描出频率曲线，调整统计参数，直到曲线与点拟合完好。然后根据频率曲线，求出设计频率对应的洪峰流量和各统计时段的设计洪水量。关于求得的结果的合理性检验，可利用各统计参数之间的关系和地理分布规律，通过分析比较其结果，以避免各种原因造成的误差。

4. 设计洪水过程线的拟定

在水利水电工程规划设计过程中为了确定规模等级，大都要求推求设计洪水过程线。所谓设计洪水过程线是指相应于某一设计标准（设计频率）的洪水过程线。由于洪水过程线是极为复杂且随机的，根据目前技术难以直接得到某一频率的洪水过程线，通常选择一个典型过程线加以放大，使得放大后的洪水过程线中的特征值，如洪峰流量、洪峰历时、控制时段的洪量、洪水总量等，与相对应的设计值相同，即可认为该过程线即为"设计洪水过程线"。目前常用的为同倍比放大法、同频率放大法或分时段同频率放大法。

（一）由暴雨资料推求设计洪水

由暴雨资料推求设计洪水，主要应用于无实测流量资料或实测流量资料不足，而有实测降雨资料的地区。由于我国雨量观测点较多，分布相对较为均匀，降雨资料的观测年限较长，且降雨受流域下垫面变化影响相对较小，基本不存在降雨资料不一致的情况，因此利用暴雨推求设计洪水的例子在实际工程中比较常见。同时对于重要的水利工程，有时为了进一步论证由流量资料推求的设计洪水是否符合要求，也需要由暴雨资料推求设计洪水，然后再加以校核。

尽管我国绝大部分地区的洪水是由暴雨引起的，但是洪水形成的主要因素不仅与暴雨强度有关，还与时空分布、前期影响雨量、下垫面条件等密切相关。为了工作简便，在推导过程之中，可采用暴雨与洪水同频率假定。

1. 设计暴雨的推求

设计暴雨是指工程所在断面以上流域的与设计洪水同频率的面暴雨，包含不同时段的设计面暴雨深（设计面暴雨量）和设计面暴雨过程两个方面。

估算设计暴雨量的方法常用的有两种：①当流域上雨量站较多，且分布均匀，各站都有长时间的实测数据时，可在实测降雨数据中直接使用所需统计时段的最大面雨量，进行频率计算，从而得到设计面雨量，该方法也叫设计暴雨量计算的直接方法；②当流域上雨量站数量较少，分布不均，或者观测时间短，且同时段实测数据较少时，可以使用流域中心代表站实测的各时段的设计暴雨量，利用点面关系，把流域中心的点雨量转化为相对应时段的面暴雨量，该方法即为设计暴雨计算的间接方法。

2. 产汇流分析

降雨扣除截留、填洼、下渗、蒸发等损失后，剩下的部分即为净雨，关于净雨的计算即为产流计算。产流计算的目的是通过设计暴雨推求出设计净雨，常用的方法有降雨径流相关法、初损法、平均损失率法、初损后损法或流域水文模型。

净雨沿着地面或地下汇入河流，后经由河道调蓄，汇集到流域出口的过程即为汇流过程，对于整个流域汇流过程的计算即为汇流计算。流域汇流计算常用的有经验单位线、瞬时单位线和推理公式等，河道汇流计算主要有马斯京根法、汇流曲线法等。

产汇流计算是以实际降雨资料为依据，分析产汇流规律，然后根据设计需求，由设计暴雨推求设计洪水。

（三）其他方法推求设计洪水

也可以通过最大可能暴雨推求最大可能洪水，其计算方法与利用暴雨推求洪水的方法基本相同，采取同频率假定，认为最大可能洪水（PMF）是由最大可能暴雨（（PMP）经过产汇流计算后得到的。目前计算最大可能暴雨时一般针对设计特定工程的集水面积直接推求，包括暴雨移置法、统计估算法、典型暴雨放大法及暴雨组合法。

在我国中小流域推求设计洪水过程中，如果缺少必要的资料时，往往通过查取当地暴雨洪水图集或水文计算手册得出设计暴雨量后检验暴雨点面关系、降雨径流关系和汇流参数，对于部分地区还要经过实测大洪水检验，其计算结果实用性较强。然后通过降雨径流关系进行产流计算；通过单位线法、推理公式法或地区经验公式法等，进行汇流计算。

第五节　建筑物防洪防涝设计

一、建筑物防涝的内涵

洪涝，指的是持续降雨、大雨或者是暴雨使得低洼地区出现渍水、淹没的现象。对于建筑物来讲，洪涝会对建筑物造成一定的影响或破坏，甚至危及建筑物的安全功能。对于建筑物来说，防洪的主要目的是减少和消除洪灾，并且能够适合各种建筑物。建筑物防洪主要包括建筑物加高、防淹、防渗、加固、修建防洪墙、设置围堤等。

二、洪涝对建筑物的破坏形式

（一）洪水冲刷

洪水对建筑物造成的最严重的破坏是直接冲刷，由于水流具有巨大的能量，并且将这些能量作用在建筑物上面，导致构件强度不高、整体性差的建筑物就很容易倒塌。有些建筑物虽然具有比较坚固的上部结构，但是如果地基遭受到冲刷，上部结构也就会遭到破坏。

（二）洪水浸泡

1.地基土积水

洪涝灾害使得地表具有大量的积水，导致地下水位上升，但是有些地基土对水的作用比较敏感，含水量不同就会导致其发生很大的变性，使得基础位移，破坏建筑物，导致地坪变形、开裂。

2.建筑材料浸泡

由于洪涝灾害引起的地表积水中会包含各种化学成分，当某一种或者是多种化学成分含量过多的时候，就会腐蚀钢材、可溶性石料以及混凝土，破坏结构材料。

3.退水效应

洪水退水以后，地表水就会进入到湖、渠、洼、河，使地下水位下降，建筑物地基土在经过水的浸泡之后又经过阳光的照射，土体结构就会发生变化，土层中的应力就会重新进行分布，就会引起不均匀沉降，从而使得上部结构倾斜，最终致使结构构件发生开裂，将这种现象称为"洪水退水效应"。

总而言之，洪水对于建筑物造成的破坏主要包括洪水引起的伴生破坏、缓慢的剥蚀、侵蚀破坏、急剧发生的动力破坏。在不同的建筑结构形式、不同的外界环境以及不同的地区，破坏也会有明显不同。

三、具体建筑物实验概况

以洪水对某村镇住宅的破坏机理为例子：洪水破坏村镇住宅建筑物的作用力主要有水流的浸入力、水流的静压力、水流的动水压力。这三种作用力是相互作用的，力作用的次序与出现的时间也是有差别的。在洪水暴发初期，主要是水流的静水压力与洪水的动水压力，这个时候村镇住宅建筑物在迎水面上所经受的压力值是最大的，有的时候甚至是能够达到两者之和。对于建筑等级较低或者是脆性材料的村镇住宅建筑物，就会因为强度不足导致不能够承受这种作用力而遭到破坏。当村镇住宅建筑物内部继续进水，洪水静水压力就会逐渐变弱，这个时候的作用力主要是洪水的动水压力。

1. 场地选择

在建设建筑物的时候最重要的环节就是选址。为了能够使建筑物能够经得起洪水的考验，保证建筑物的安全，选址的时候应该避免旧的溃口以及大堤险情高发区段，避免建筑物直接受到洪水的冲击。具有防洪围护设施（如围埝子堤、防浪林等）、地势比较高的地方可以优先作为建筑物用地。对建筑物进行选址的时候应该在可靠的工程地质勘查和水文地质的基础上进行，如果没有精确的基础数据就很难形成正确完善的设计方案。建筑物进行选择的时候要用到的基础数据主要包含地质埋藏条件、地表径流系数、地形、降水量、地貌、多年洪水位等。在这里需要明确指出的是，拟建建筑应选择建在不容易发生泥石流和滑坡的地段，并且要避开不稳定土坡下方与孤立山咀。此外，由于膨胀土地基对浸入的水是比较敏感的，所以通常不作为建筑场地。

2. 基础方案

要采取有利于防洪的基础方案。房屋在建设的时候要建在沉降稳定的老土上，比较适合采取深基的方式。比如采取桩基，其能够增强房屋的抗冲击、抗倾性以确保抗洪安全。在防洪区不适合采用砂桩、石灰等复合地基。在对多层房屋基础进行浅埋时，应该注意加强基础的整体性和刚性，比如可以采用加设地圈梁、片筏基础等方式。在许多房屋建设过程中，采用的是新填土夯实，没有沉降稳定的地基，这对房屋上部的抗洪是极其不利的。

3. 上部结构

在防洪设计中要增强上部结构的稳定性与整体性。对于多层砌体房屋建造圈梁和构造桩是十分有必要的。有些房屋建筑，在楼面处没有设置圈梁，而是采用水泥砂浆砌筑的水平砖带进行代替，这种做法是错误的。还有的房屋，只是采用粘土作砌筑砂浆，导致砌体连接强度比较低，也经受不住水的浸泡，使得房屋的整体性比较差，抗洪能力也比较低，对于这些应进行改正。

4. 建筑材料

具有耐浸泡、防蚀性能好、防水性能好等特性的建筑材料对于防洪防涝是非常有利的。此外，砖砌体应该加入饰面材料，这样可以保护墙面，从而减少洪水的剥蚀、侵蚀。在施工的时候选择耐浸泡、防水性能好的建筑材料对于抗洪是十分有利的。混凝土具备良好的防水性能，是建造防洪防涝建筑物的首选材料。砖砌体应该加入防护面层，如果采用的是清水墙，就必须采用必备的防水措施。在洪水多发地区过去的时候多运用的是木框架结构，现在几乎已经逐渐被混凝土和砖结构所取代，如果采取木框架结构，首先应该对木材进行防腐处理。

第六节 农村地区防洪工程的设计方案探究

各个地区的工程项目在建设过程中，都必须考虑防洪工程的设计，这样可将工程损伤降到最低，尤其在农村地区的防洪工程项目的建设过程中，将起到关键性的作用，因此，工程项目建设人员在设计工程建设方案时，做好防洪工程方案的设计工作，对整个工程项目建工之后的运行非常重要。

一、农村地区防洪工程设计中存在的问题

（一）防洪工程建设流程不够合理

农村地区的临时性防洪工程大部分是当地农民修建，农民仅是按照洪水具体来向进行筑堤，虽然能起到相应的防洪作用，但未进行统一、合理的规划，使工程防洪标准偏低，从而影响农民居住安全。例如，农村地区山洪沟的两岸主要由水泥砌石的挡墙、丁坝、铅丝石笼等进行防洪筑堤，其中，在沟口处的水泥砌石的挡墙有125m，左右岸都有，目前已渐渐开裂，而当前形成规模堤防是2500m，是当地居民作为应急修建，主要选取在第四系洪冲积卵的砾石地层上部，其抗冲性很差，受到冲刷之后易使坡面、堤身发生倒塌，最终使堤身失去稳定性，且大多数筑堤的抗洪作用非常小。

（二）防洪工程设计时对信息处理不全面

在农村地区防洪抗旱中，离不开对信息的采集以及分析，其中就包括了对汛期河道水位的监测、雨水信息评估、旱汛期的监察以及抗灾物资需求的分析等，这些多样化数据的需求，在目前所具备的信息处理能力中还难以做到有效分析，从而使得在应对灾情时难以采取有效的应对措施，除此之外，在信息采集方面的配套设施也需要进一步地提升，当前已具有的信息化能力难以做到有效地处理这些信息，主要表现在应对防汛的前期工作中，由于缺乏比较全面的数据信息分析，这使得应对洪水灾害的能力受到极大的制约。

（三）防洪工程外部环境影响以及制约

农村地区防洪工程难免会受到自然因素的影响，例如，当地地质状况、施工现场环境等不良因素制约，自然环境主要是就是指施工时的天气原因，遇到冰雪、雷电、暴风雨等突发的天气状况影响施工质量，所以，有的施工方为了赶上施工进度，在规定的时间内顺利完成施工，所以就会忽视天气原因以及当地环境等客观因素对施工造成的不良影响，还有当地的水文状况、地质勘探等因素，都会严重导致水利施工的顺利进行。

（四）防洪工程现场施工材料管理水平低

农村地区防洪工程管理过程中，现场材料的管理是一个非常重要的环节，如果材料的管理不妥，就会增加施工的难度，也会给整个施工过程带来很大的问题。现场施工材料的管理主要是针对材料的选择以及材料的采购、材料的使用等一系列问题并将其进行分类、分项进行科学处理。针对整个施工项目而言，材料合格、存放有序、供应及时是保证施工质量的重要前提，因此，防洪工程建设的现场管理中，对建筑材料的管理必不可少。与此同时，施工管理人员的管理方法对工程也会产生一定的影响，如果现场管理人员采用科学的管理方法就能为工程施工建设节省施工材料，降低施工成本，反之，则会导致施工材料浪费，拖延施工周期。

二、提升农村地区防洪设计水平的措施

（一）选择合适的防洪工程选址

农村地区防洪工程设计时，在选址方面防洪工程需和流域内的防洪规划较好地协调，通过在新构建的防洪工程中，把洪水归顺于南北走向山洪沟中，通过山洪沟直接泄至下游的滞洪区，最终汇入总排干沟，具体包括下述几方面：

首先，在选址方面，所治理的工程需上游、下游及左右岸完全兼顾，且在充分满足洪水行洪要求的基础上，尽可能使用已经存在的工程项目防洪对策，并综合考虑地貌、地形等条件，尽量做到少拆迁、少占地，缩小工程量，同时还要根据当地的实际状况和地勘定时报告。虽然当前的防洪堤起到相应的防洪作用，但修建时仅仅用于应急，这就使受冲刷之后的堤身、坡面存在不稳定情况。为此，此次防洪工程设计主要对当前的防洪堤进行清理，同时在原有堤线的基础上修建新的建防洪堤，且不会占用新土地。

其次，设计人员在布置沟道走向时，需和水流的流态要求相符，且行洪的宽度需布置合理，堤线需和河道的大洪水主流线保持在水平的状态，两岸上、下游的堤距需相互协调，不可突然地放大或是缩小。堤线需保持平顺，不同堤线应平缓地连接，且确保防洪沟弯曲段选用相对大的弯曲半径，以免急转弯、折线。例如，山洪沟河道较为显著，且天然河道宽在 2m~14m，河槽的深度为 0.5~1.0m，当雨季的水量很小的时候，以天然河槽的流水为主，而一旦发生洪水，则会在沟口区顺洪积扇地形逐渐漫散，如果农民仅按照洪水的来向临时筑堤，则会影响整个工程的防洪质量。

最后，设计人员在考虑防洪工程的任务时，需充分了解当地工程建设情况，确保不会影响当地的引洪淤灌任务。按照当前河道、堤防的布置状况，当地农民在建设土堤时，若遭遇小洪水下泄，需将一部分洪水直接引到农 ID 灌溉，对此，此次防洪工程设计时，应将农民灌溉需求充分考虑在内。

（二）合理设计防洪堤工程

在设计防洪工程堤防工程的过程中，需选择合适的防洪堤筑堤材料，通常情况下，主要以浆砌石堤、土堤、混凝土等填筑混合材料开展各项施工。主要表现为：土堤的施工过程较为简单，且造价较低，但是堤身变形很大，且抗冲能力非常差；浆砌石堤的结构相对简单，其抗冲的能力很好，同时耐久性也很强，应用起来整体性、防渗性能非常好；混凝土堤的耐久性、抗冲性能也非常好，但是施工过程较为复杂，且工程造价相对较高，需要较长的时间才能完成施工。例如，在对堤体填筑结构及护坡结构进行设计时，如果防洪工程开挖料主要是冲洪积粉土，因此，材质无法满足工程结构布设要求，采用石渣料回填堤体并现场试验确定分层厚度，然后分层回填碾压。在此过程中，采用 C20 碎框格＋干砌块石及 C20 险框格＋撒播草籽对堤段斜坡坡面进行护坡设计。堤身及基础结构设计时，必须进行稳定性计算分析，从地质勘查结果来看，该防洪工程基岩埋置较深，因此采用碾压块石料置换重力式及衡重式挡墙基础，置换厚度分别为 2~3m、3~4m。

（三）做好防洪地区防洪堤工程施工质量监管

在农村地区防洪堤工程施工质量管理中，施工管理人员要身负使命，应本着对农村地区经济社会发展的原则对防洪堤的施工过程严格管理，确保责任落实到位，并在一定时期内多对施工管理人员、施工相关责任人做业务培训，全面执行和落实相关的安全责任。而且，在安全生产管理中，管理人员对防洪堤工程责任招标做出规范性处理，审计人员要监督施工期限与合同竣工时间是否一致，签订补充合同有无备案，项目条款语言应该规范、概念界定清晰严谨。

（四）提升防洪抗旱技术的处理能力

由于信息技术可以在防洪抗旱中发挥十分重要的作用，因此需要开发信息技术的多层次性，以满足防洪抗旱中各种信息的处理能力。下面通过分析防洪抗旱的指挥系统，以提升信息技术的处理能力为例，说明信息技术所带来的积极作用。在防洪抗旱中，指挥系统是一个关键性的部分，因此需要在信息采集、通信网络、数据统计等方面加强建设工作。一方面需要提升某省各个地区中的不同部门所管理的水流情况，然后通过分析这些信息，使得各个单位都能够有针对性地应对灾情以及做出处理方案；另一方面是再进一步升级现有的技术系统，弥补已经存在的问题，从而达到有效提升防洪抗旱的能力，此外，在有条件的地区可以加快研发新型技术以及防洪抗旱的产品，对于没有及时处理的灾情可以通过这些产品而达到减少人们生命财产受到损害的目的。此外，防洪堤工程施工等大型水利工程易受自然条件约束，投资建设周期长，风险施工难度大，时间滞后等现实问题制约使水利工程项目的有效管理加大了难度。管控人员必须保证水利工程实施的科学性，因此全过程跟踪审计尤为重要，它能从源头上规避防洪堤水利工程项目实施中的恶性腐败问题，此举有效提高了投资管理方的综合效益。

第七节　高原地区防洪堤工程设计

高原地区的地形一般都比较复杂，其与普通的防洪堤工程存在较大的区别，在高原地区开展防洪堤工程的过程中需要注意高原地区的地势，并且在不同的地势条件中注意不同的工程设计要点，保证工程的开展符合其实际要求，从而增强防洪堤工程的整体功效。

一、防洪堤工程类型的确定

不管是在哪个地区开展防洪堤工程建设，都需要对工程的类型进行确定，要根据工程的实际情况制定施工方案和计划，这样才能保证工程的稳定开展。一般来说，在进行防洪堤工程建设之前，需要做好施工的前期准备工作，首先施工单位需要对高原地区的实际地域情况进行调查，将其地质条件、地形及结构等都进行严格的地质勘测，并且要保证数据的准确性，将勘测数据进行总结，制作成具体的报告上交给技术部门进行分析，从而得出具体的施工位置。就高原地区来说，不同的地势条件会导致水文地质的不同。土壤结构及地下构造等都存在一定的区别，因此还需要将这些实际情况进行勘测，得出具体的数据才能判断符合标准的防洪堤工程类型。

二、高原地区防洪堤工程施工设计特点

高原地区的地形比较复杂，并且防洪堤工程量比较大，但是高原地区的工程建设一般施工工期比较短，这就给工程增加了一定的难度。在开展防洪堤工程施工的过程中，需要用到大量的混凝土才能完成施工任务，因此，在储存和组织材料的过程中会受到一定的约束。高原地区在地形上是交叉分布的，其工程点比较多，施工范围又比较广，因此施工难度较大，在施工过程中容易发生安全事故，这就需要格外注意施工人员的安全问题。很多高原地区在开展防洪堤工程施工的过程中场地比较狭窄，在布置施工任务的过程就会有一定的难度，因此，在对工程进行设计的过程中，就需要保证在实际的施工过程中施工道路的通畅性。高原地区的防洪堤工程比较复杂，在进行工程设计的过程中就需要结合以上特点对施工任务进行布置，使得工程在实际的施工过程中能够按照工程设计稳定开展。

三、高原地区防洪堤工程设计要点

（一）灌柱桩

在高原地区开展防洪堤工程设计的过程中，要注意灌注桩是一个重要的工程施工设计要点。拦挡坝基础灌注桩的深度比较大，其孔数又比较多，因此其在实际的施工过程中难度比较大，所以需要对其进行合理的设计。在设计过程中可以对灌注桩的布置进行探讨，这部分的设计要点需要从灌注桩的整体施工来讨论，当施工人员进场后需要立即进行拦挡坝的开挖，这样能够为灌注桩尽早开挖提供有利条件。工程施工单位还需要对施工技术的实施进行详细的设计，在对具体的施工部分进行设计的过程中，施工单位需要技术专家和权威进行详细的技术分析，根据灌注桩的施工特点制定可行的施工计划和方案，并且在整个探讨过程中不断完善施工方案，与业主和监理部门进行一定的联系，使其能够参与到设计过程中，然后协同施工部门共同对设计方案提出建议。由于高原地区的下部地层比较复杂，在开展工程设计的过程中就需要对灌注桩的施工设备进行准备，并加强造孔设备配置，保证能够为施工进度的增强提供保障。

（二）堆石坝施工设计

防洪堤工程的主要施工工艺就是堆石坝施工，这项施工工艺是作为一项新的施工技术在近几年才在防洪堤工程施工过程中扩展开来的。在对高原地区的防洪堤工程进行设计的过程中，施工单位要指派专家组成员对这项施工工艺进行研究和分析，经过专业人员对高原地区地势情况和水土条件的考察制定出合理的施工方案。在防洪堤工程中，堆石坝施工的设计要点还应该包括对施工方案的具体实施，很多施工工艺在实际的实施过程中会由于不符合地形条件等出现相关的问题，导致工程不能正常进行，为了防止施工过程中问题的出现，专业的施工设计人员还需要编制切实可行的施工组织方案和措施，完善堆石坝施工设计，为高原地区防洪堤工程的实际施工提供推动力。

（三）施工安全问题

施工安全问题一直是建设工程施工设计的要点，安全问题关系着施工人员的人身安全，与企业的经济利益有直接关系，因此，在开展高原地区防洪堤工程设计的过程中就要重点注意施工过程中的安全问题。在开展施工设计的过程中，施工企业要设立模拟施工现场的实验室，充分应用企业的技术优势，将原材料以及实际施工过程中的质量进行全面化的模拟。施工安全与施工材料及施工人员是有很大的关系的，企业需要做好技术交底工作，并且在开展施工设计的过程中对操作人员进行安全技术交底，保证施工过程中的人员安全。防洪堤工程是需要建立在爆破施工的基础上的，因此设计人员还需要设立专职火工材料管理人员，制定专业的管理制度，要求专职人员严格按照相关规定执行爆破，并且将剩余的火工材料及时退库。在工程设计过程中还需要按照相关部门的安全规定建立现场质量和安全管理制度，针对施工人员的安全还可以建立奖惩制度，这样能够将施工质量的保证包含在工程设计范围之内，最大限度地完善高原地区防洪堤工程设计。

（四）施工进度的保证

施工进度的保证作为高原地区防洪堤工程设计的重要部分，在整体的工程设计中占有着重要的位置。很多施工企业在开展工程施工的过程中会出现较多的问题，导致工程不能正常进行，从而延缓施工工期，给企业带来严重的经济损害，因此就需要将施工进度的保证包含在工程设计中，以便于对实际施工中出现的问题进行及时处理。高原地区的地形条件不允许施工工期的延误，一旦施工工期达不到标准，就很容易导致企业的整体经济效益得不到保障。在开展工程设计的过程中，施工企业需要对施工过程中的环境、气候变化进行预测，并且针对这些情况制定针对性的解决策略，以保证施工过程中的问题能够得到有效的解决。防洪堤工程是一项比较复杂的工程，为了方便对施工进行控制，施工企业可以将整体工程分成几个单项工程，然后针对单项工程不同的施工要点编写施工方案和措施，不断优化防洪堤工程的整体设计，做到从源头上控制施工期。工程进度与施工材料、设备等也有较大的关系，一旦施工材料的质量不达标，就会导致工程不能按时开展，设备一旦损坏也会使得工程必须延迟，所以，施工设计人员需要将施工材料的质量标准和设备的维护都纳入工程设计细则中，降低由材料和设备带来的工程工期问题。

（五）材料、设备的组织和运输

材料的质量和设备的维护是贯穿于高原地区防洪堤工程的整体施工过程中的，因此为了保证工程施工的有效性，就必须保证工程设计的完善。除了材料质量和设备维护之外，在工程设计过程中还需要制定好材料、设备的组织和运输，这样才能全面保证施工材料和设备各方面的使用和保存，最大程度地完善工程设计。在组织和运输材料及设备的过程中，防洪堤工程中所有需要用到的材料都是需要由工程承包商进行组织采购和运输的，而在高原地区开展防洪堤工程的过程中难度比较大，地势条件有限，很多工作面高峰施工强度集中，在组织和运输材料的过程中就存在一定的难度，因此就需要对其进行合理的设计，保证工程设计的有效性。

（六）资源配置

在开展防洪堤工程设计的过程中，需要将资源配置看作重点事项，高原地区的可用资源比较少，并且能够在施工过程中使用的资源种类也会受到限制，很多在普通的防洪堤工程中的可用资源不适用于高原地区，所以，资源配置就成了高原地区防洪堤工程设计的重点和难点。在对设备配置进行设计的过程中，需要将重点放在施工企业总部和工程区附近项目便于抽调的设备上，然后根据实际的工程概况确定可用的设备资源，同时做好设备资源使用设计方案。施工人员也是主要的可用资源配置，由于防洪堤工程的施工地区是高原地区，因此在选择施工人员的时候，不仅需要选择专业性较高的施工人员，还要选择能吃苦并且具有丰富施工经验的人，这样才能在高原地区持续施工。工程资金也是资源配置中的一部分，工程设计人员在设计施工方案的过程中，需要对施工成本的使用进行合理的规划，并且建立健全的财务管理规章制度，以保证工程资金能够发挥最大的作用。

（七）人员培训

施工人员作为建设工程的主体，不管是在实际的施工过程中还是在工程设计中，都应该进行科学合理的规划和管理。人员培训是保证施工质量和人员安全的主要保障，只有做好人员的培训工作，才能在实际的施工过程中保证工程的整体质量。施工企业需要将人员培训放入工程设计的重点内容中，在设计施工方案的同时，对施工人员进行组织，加强其安全意识和专业的施工技能。很多防洪堤施工人员并不能适应高原地区的气候条件，对于高原地区的防洪堤工程设计来说，施工企业首先需要对施工人员的气候适应状况进行调查，保证其能够在高原地区开展工作的前提下进行施工，然后根据施工人员的施工特长对其进行任务分配，从人员的使用上做好工程设计相关内容。

（八）施工总程序规划原则

在高原地区开展防洪堤工程设计的过程中，最主要的就是根据实际的施工情况对施工总程序进行规划，为了保证工程规划的有效性和合理性，则需要根据施工总程序的规划原则进行工程设计。施工企业需要按照施工场地的实际情况设计整体的施工总程序，将其转化为施工设计方案，然后对其进行不断的优化。在进行工程设计的过程中，所有的施工部门都需要派专业人员参与讨论和设计方案的制定，其有利于达到整体施工程度的统一。当然，高原地区防洪堤工程设计还需要包括对施工人员切身利益的保障以及施工周围环境的保护，施工企业要对其进行统筹安排，在工程设计中使得施工人员的利益与其劳动力达到平衡等，按照整体的施工程序原则进行工程设计和规划，从而实现工程设计的合理性。

第四章　农田水利工程规划与设计

第一节　农田水利概述

一、农田水利概念

水利工程按其服务对象可以分为防洪工程、农田水利工程（灌溉工程）、水力发电工程、航运及城市供水、排水工程。农田水利是水利工程类别之一，其基本任务是通过各种工程技术措施，调节和改变农田水分状况及其有关的地区水利条件，以促进农业生产的发展。农田水利在国外一般称为灌溉和排水。

农田水利主要的任务是中小型河道整治，塘坝水库及圩垸建设，低产田水利土壤改良，农田水土保持、土地整治以及农牧供水等。其主要是发展灌溉排水，调节地区水情，改善农田水分状况，防治旱、涝、盐、碱灾害，以促进农业稳产高产。本文所研究的农田水利亦主要是指灌溉系统、排水系统特征丰富的灌溉工程（灌区）。

二、农田水利工程构成

农田水利学其内容主要包括：农田水分和土壤水分运动、作物需水量与灌溉用水、灌溉技术、灌溉水源与取水枢纽、灌溉渠系的规划设计、排水系统规划设计、井灌井排、不同类型地区的水问题及其治理、灌溉排水管理。关于农田水利的构成与类型，按照农田水利工程的功能和属性可分为：灌溉水源与取水枢纽、灌溉系统、排水系统三个部分。

（一）灌溉水源与取水枢纽

灌溉水源是指天然水资源中可用于灌溉的水体，其包括地表水、地下水和处理后的城市污水及工业废水。

取水枢纽是根据田间作物生长的需要，将水引入渠道的工程设施。针对不同类型的灌溉水源，相对应的在灌溉取水方式选择上也有所不同。如地下水资源相对丰富的地区，可以进行打井灌溉；从河流、湖泊等流域水源引水灌溉时，依据水源条件和灌区所处的相对位置，主要可分为引水灌溉、蓄水灌溉、提水灌溉和蓄引提相结合灌溉等几种方式。

1. 引水取水

当河流水量丰富，不经调蓄即能满足灌溉用水要求时，可在河道的适当地点修建引水建筑物，引河水自流灌溉农田。引水取水可分无坝取水和有坝取水。

无坝取水，当河流枯水时期的水位和流量都能满足自流灌溉要求时，可在河岸上选择适宜地点修建进水闸，引河水自流灌溉农田。

有坝取水，当河流流量能满足灌溉引水要求，但水位略低于渠道引水要求的水位，这时可在河流上修建壅水建筑物（堤坝或拦河闸），抬高水位，以达到河流自流引水灌溉的目的。

2. 抽水（提水）取水

当河流内水量丰富，而灌区所处地势较高，河流的水位和灌溉所需的水位相差较大时，且修建自流引水工程不便或不经济时，可以在离灌区较近的河流岸边修建抽水站，进行提水灌溉农田。

3. 蓄水提水

蓄水灌溉是利用蓄水设施调节河川径流从而进行农田灌溉。当河流的天然来水流量过程不能满足灌区的灌溉用水流量过程时，可以在河流的适当地点修建水库或塘堰等蓄水工程，调节河流的来水过程，以解决来水和用水之间的矛盾。

4. 蓄引提结合灌溉

为了充分利用地表水源，最大限度地发挥各种取水工程的作用，常将蓄水、引水和提水结合使用，这就是蓄引提结合的农田灌溉方式。

（二）灌溉系统

灌溉系统是指从水源取水，通过渠道及其附属建筑物向农田供水、经由田间工程进行农田灌水的工程系统。完整的灌溉系统包括渠首取水建筑物、各级输配水工程和田间工程等，灌溉系统的主要作用是以灌溉手段，适时适量地补充农田水分，以促进农业增产。

（三）排水系统

在大部分地区，既有灌溉任务也有排水要求，因此在修建灌溉系统的同时，必须修建相应的排水系统。排水系统一般由田间排水系统、骨干排水系统、排水泄洪区以及排水系统建筑物所组成，常与灌溉系统统一规划布置，相互配合，共同调节农田水分状况。农田中过多的水，通过田间排水工程排入骨干排水沟道，最后排入排水泄洪区。

三、古代农田水利

我国农田水利一词最早出现在北宋时期颁布的水利法规《农田水利约束》，灌溉一词的起源更早，《庄子·逍遥游》有"时雨将矣，而犹浸灌"。《史记·河渠书》中已有水利一词，在当时主要指农田水利，其中有郑国渠"溉泽卤之地四万余顷"的记载。在《汉书·沟洫志》中，溉、溉灌与灌溉三词并用，共同表达灌溉农田之意，灌溉一词一直保留应用到现在。排水的排字意为排泄，《孟子·滕文公上》有"决汝、汉，排淮、泗"；《汉书·沟洫志》有"排水择而居之"等语。

我国在长江下游考古时发现有新石器时代灌溉种稻的遗迹，约有 5000 年的历史。公元前 1600~前 1100 年中国实行井田制度，划分田块，利用沟流灌溉排水。到西周时代，沟工程进一步发展，并出现了蓄水工程。约公元前 600 年，孙叔敖兴建的期思雩娄灌区，是中国最早见于记载的灌溉工程。春秋战国时代曾修建过多处大型自流灌区工程，著名的有引漳十二渠、都江堰、郑国渠等，在此期间也已经开始使用桔槔提水灌溉。当时人们已认识到农田水利的重要意义，《荀子·王利》曾指出："高者不旱，下者不水，寒暑和节，而五谷以时熟，是天下之事也"。秦汉时期，灌溉排水及相关农田水利建设早已由黄河、长江和淮河流域逐渐扩展到浙江、云南、甘肃河西走廊以及新疆等地。隋、唐、宋时期，我国农田水利事业进入巩固发展的新时期，太湖下游地区兴修土于田、水网；黄河中下游大面积放淤；同时，水利法规也逐渐趋于完备；唐时期有《水部式》，宋时期有《农田水利约束》等。元、明、清时期，在长江、珠江流域，特别是两湖、两广地区附近，农田水利事业得到了更进一步的开发。明天启年间有《农政全书》，书中《水利》对中国农田水利学的发展起到了先导的作用；《泰西水法》为介绍西方水利技术的最早著述。

我国古代农田水利工程设施，分输水、引水、泄水、控制水流、清沙等设备，多为就地取材，选用竹、木、石材料制成。

四、现代农田水利

我国的农田水利有着悠久的历史，历代劳动人民创造了很多宝贵的治水经验，在我国水利史上放射着灿烂的光辉。但是漫长的封建社会，压抑着劳动人民的积极性和创造性，严重阻碍了我国农业生产的发展，导致农田水利建设进展缓慢。社会主义新中国的建立，为我国农田水利事业的发展开创了无限广阔的前景。建国四十多年来，我国农田水利事业得到了巨大发展，主要江河都得到了不同程度的治理，黄河扭转了过去经常决口的险恶局面，淮河流域基本改变了"大雨大灾、小雨小灾、无雨旱灾"的多灾现象，海河流域减轻了洪、涝、旱、碱四大灾害的严重威胁，水利资源也得到初步开发。

截至 2010 年为止，全国建成了大中小型水库 87873 多座，总蓄水库容量 7162 亿 m³；全国已累计建成各类机电井 533.7 万眼，其中：安装机电提水设备可正常汲取地下水的配套机电井 487.2 万眼，装机容量 5145 万 kW。全国已建成各类固定机电抽水泵站 46.9 万处，装机容量 4321 万 kW，固定机电排灌站 43.5 万处，装机容：灌设备装机容量 2068 万 kW。全国有效灌溉面积万亩以上的灌区有 5795 处，农田有效灌溉面积 2841.5 万 hm²，居世界首位。按有效灌溉面积达到万亩划分，其中：灌溉面积在 50 万亩以上的灌区有 131 处，农田有效灌溉面积 1091.8 万 hm²；30 万~50 万亩大型灌区 218 处，农田有效灌溉面积 474 万 hm³。全国农田有效灌溉面积达到 6034.8 万 hm³，占全国耕地面积的 49.6%。全国工程节水灌溉面积达到 2731.4 万 hm³，占全国农田有效灌溉面积的 45.3%。在全部工程节水灌溉面积中，渠道防渗节灌面积 1158 万 hm²，低压管灌面积 668 万 hm³，喷、微灌面积 514.1 万 m³，其他工程节水灌溉面积 391.2 万 hm³。万亩以上灌区固定渠道防渗长度所占比例为 24：1，其中干支渠防渗长度所占比例为 34.8%。全国水土流失综合治理面积达到 106.8 万 hm³。其中：小流域治理面积 41.6 万 hm²，实施生态修复面积达 72 万 hm³，当年建成黄土高原淤地坝 268 座。由此进行了这些工作，在占全国总耕地面积 49% 的灌区，生产着约占全国总产量 75% 的粮食和 90% 以上的棉花、蔬菜等经济作物。

农业是安天下、稳民心的产业。粮食安全直接关系社会稳定和谐，关系人民的幸福安康。我国特殊的人口和水土资源条件，决定我国既是一个农业大国，也是一个灌溉大国，灌溉设施健全与否对农业综合生产能力的稳定和提高有着直接影响。农田水利建设不仅是中国农业生产的物质基础，也是我国国民经济建设的基础产业。

随着我国水利建设的不断发展，在辽阔的土地上，已出现了许多宏伟的农田水利工程，在满足灌溉农田、保持水土流失等功能的同时还创造了独特的工程景观，凝聚着我国劳动人民无穷智慧和伟大的创造力。如有灌溉面积超过 1000 万亩的四川省都江堰灌区、安徽省淠史杭灌区和内蒙古自治区的河套灌区，装机容量超过 4 万 kW 的江苏省江都排灌站；总扬程高达 700m 以上的甘肃省景泰川二期抽灌站；以及流量超过 15m²/s、净扬程达 50m 的湖北省青山水轮泵站等等。

五、农田水利特征与发展趋势

（一）农田水利特征

农田水利工程需要修建坝、水闸、进水口、堤、渡槽、溢洪道、筏道、渠道、鱼道等不同类型的专门性水工建筑物，以实现各项农田水利工程目标。农田水利工程与其他工程相比具有以下特点：

（1）农田水利工程工作环境复杂。农田水利工程建设过程中各种水工建筑物的施工和运行通常都是在不确定的地质、水文、气象等自然条件下进行的，它们又常承受水的渗透力、推力、冲刷力、浮力等的作用，这就导致其工作环境较其他建筑物更为复杂，常对施工地的技术要求较高。

（2）农田水利工程具有很强的综合性和系统性。单项农田水利工程是所在地区、流域内水利工程的有机组成部分，这些农田水利工程是相互联系的，它们相辅相成、相互制约；某一单项农田水利工程其自身往往具有综合性特征，各服务目标之间既相互联系，又相互矛盾。农田水利工程的发展往往影响国民经济的相关部门发展。因此，对农田水利工程规划与设计必须从全局统筹思考，只有进行综合地、系统地分析研究，才能制定出合理的、经济的优化方案。

（3）农田水利工程对环境影响很大。农田水利工程活动不但对所在地区的经济、政治、社会发生影响，而且对湖泊、河流以及相关地区的生态环境、古物遗迹、自然景观，甚至对区域气候，都将产生一定程度的影响。这种影响有积极与消极之分。因此，在对农田水利工程规划设计时必须对其影响进行调查、研究、评估，尽量发挥农田水利工程的积极作用，增加景观的多样性，把其消极影响，如对自然景观的损害降到最小值。

（二）农田水利发展趋势—景观化

随着农村经济社会的发展，农田水利也从原来单一农田灌溉排水为主要任务的农业生产服务，逐渐转型为同时满足农业生产、农民生活和农村生态环境提供涉水服务的广泛领域。各项农田水利工程设施在满足防洪、排涝、灌溉等传统农田水利功能的前提下充分融合景观生态、美学及其他功能，已经成为广大农田水利工作者更新、更迫切的愿望。

新时期的农田水利规划与设计要着力贯彻落实国家新时期的治水方针，适应农村经济的发展与社会主义新农村的建设要求，紧紧围绕适应农村经济发展的防洪除涝减灾、水资源合理开发、人水和谐相处的管理服务体系开展有前瞻性的规划思路。依据以人为本、人水和谐的水利措施与农业、林业及环境措施相结合，因地制宜采取蓄、排、截等综合治理方式，进行农田水利与农村人居环境的综合整治。

（1）水利是前提，是基础

农田水利基本任务是通过各种工程技术措施，调节和改变农田水分状况及其有关的地区水利条件，以促进农业生产的发展。农业是国民经济的基础，搞好农业关系到我国社会主义经济建设高速度发展的全局性问题，只有农业得到了发展，国民经济的其他部门才具备最基本的发展条件。

（2）景观是主题，是提升

水利是景观化水利，是融合到自然景观里的水利。从农田水利的角度，通过合理布置各类水工建筑设施，在保证农田灌溉排涝体系安全的同时达到景观作用。传统的农田水利工程外观形式固定，在视觉上给人粗笨呆板的视觉效果，而现在的规划设计过程中将水工建筑物的工程景观、文化底蕴与周围自然环境相融合的综合性景观节点，在保证其功能的基础上赋予农田水工建筑物全新的形象。

农田水利作用的对象就是水体，将水进行引导、输送从而进行农业灌溉，两者的联系紧密结合。在我国农田水利事业发展的历程中，同时也孕育了丰富的水文化。

第二节　农田水利规划设计研究进展

一、国外农田水利规划设计研究进展

（一）国外灌排技术研究进展

1. 节水灌溉技市发展

在水资源日益紧缺的今天，发展节水农业是全世界共同面临的研究课题。农业节水灌溉工程主要有渠系建筑物完善配套、渠道衬砌、低压管道输水灌溉、喷灌、微灌、渗灌等。渠道衬砌是国外发达国家最早开始的节水灌溉技术，渠道衬砌在提高灌溉水利用率的同时也带来了生态环境的破坏，低压管道输水灌溉因其节水、节地、省工、输水速度快、便于计量、控制灵活、对种植业结构调整具有较强的适应性等优点，在世界节水灌溉技术中得到广泛的应用。早在 20 年代美国就开始使用管道输水技术，低压管道灌溉面积已达到总灌溉面积的 50%。日本已有 30% 的农田实现了地下管道灌溉，并且管网的自动化、半自动化给水控制设备也较完善；以色列、英国、瑞典等国有 90% 的土地也实现了灌溉管道化。

节水灌溉技术中微喷灌是随着美国经济、科技恢复之后，迅速发展起来的节水灌溉技术。美国西部干旱的 17 个州主要以推广使用喷灌灌溉技术为主，1996 年美国喷灌面积达到 1082 万 hm^2，占美国灌溉面积的 44%。以色列的灌溉技术一直处于世界领先水平。以色列 25 万 hm^2 的有效灌溉面积全部实施了喷灌和微灌，且 80% 是灌溉与施肥同步进行。2000 年，以色列微灌面积发展到 16.6 万 hm^3，占总灌溉面积的 66% 以上。30 年来以色列创造了农业用水新概念，将给土壤浇水转变为给作物浇水，使灌溉水减到了最低水量，在半沙漠地区出现了现代化农场，这些农场一般都具有高度自动化滴灌系统，以保证供给作物适时适量的水和肥料。在南部的内格夫荒漠，年降水量不足 50mm。当地农户在沙漠中建起了温室大棚，用滴灌技术种植瓜果、蔬菜、花卉，出口欧洲。日本位于亚洲东本部，是西太平洋一个岛国其耕地面积不足国土面积的一半，为了满足国民的粮食需求，多年来日本致力于提高产量，争取粮食自给，特别重视灌溉提高单产的作用，重视灌溉与施肥、改土的结合，在 1973 年 3 月还制定了输水管道设计标准。

2. 田间排水技术发展

农田排水可分为过湿地排水和盐碱地排水两大类，过湿地排水是指排除农田中多余的水分，达到除涝、降渍、改善沼泽地的目的；盐碱地排水是指控制地下水位，及时排出过多的地表水及地下水，使盐碱地得到改良。近一百多年来，世界上不少国家由于灌区急剧发生土壤次生盐碱化问题而推动了排水事业的发展。美国于 1849—1850 年建立了沼泽地法案，广泛开展了农田排水工作，到 1960 年，排水面积达到 4000 多万 hm^2；1909 年之后埃及为了解决棉田的盐碱化问题大力发展深沟排水。暗管是为了解决作物受渍的问题而发展的地下排水技术，英国在 17 世纪初发明了重道式暗管排水技术，19 世纪中叶发明了挖掘机。1859 年，在美国俄亥俄州出现了铺设瓦管不用人力挖沟的鼠道犁。日本的暗管排水始于 20 世纪 50 年代初，到 80 年代中期，暗管排水面积已达水田排水面积的 1/3，农田排水工程施工基本上实现了机械化。随着科技发展，农田排水新技术也随之产生，新型排水指标研究，以地下水连续动态 SEWx 为指标的排水设计理论国外已用于农田排水工程规划设计。排水在盐碱地改良中担当着重要角色，国外在设计灌水定额时提出淋洗需水量的概念，强调排水工程应满足有效排除这部分水量的要求，但还有待加强。

（二）国外生态河道研究进展

随着经济的发展，环境保护日益受到人们的广泛关注。其作为重要的控制因素，直接影响着生态环境的平衡发展。早期河岸的防护工程多采用浆砌块石、干砌块石或混凝土护坡，尽管这些防护工程形式在保证防洪安全、防止水土流失方面起到一定作用，但是也在不同程度上对生态环境及城市景观有一定的破坏，造成生态破坏。国外对生态河道建设的研究重视较早。

早在 20 世纪 30 年代末至 80 年代末期，人们首次提出河道治理要亲近自然。1938 年德国的 Seifbrt 首先提出"近自然河溪治理"概念，这是人类首次提出河道生态方面的治理理论。20 世纪 50 年代德国正式创立了"近自然河道治理工程"，提出河道整治要符合植物化和生命化原理。

20 世纪 80 年代，欧洲工程界对出现的水利工程规划设计理念对河道造成的生态危害开始反思，认识到水利工程的设计不但要符合工程设计要求还要符合自然原理。随着生态学的发展这一观点越来越受到重视，出现了研究生态河道的相关理论与技术。

随着科学的发展河道生态治理理论逐步进入科学规范轨道。世界各国开始意识到早期的传统人工改造对河道生态影响，20 世纪末期各国开始研究河道生态修复技术。BrinsonMm（1981 年）、AmorosC（1987 年）、AholaH（1989 年）、PhillipsJ（1989 年）、MasonCF（1995 年）、CooperJR（19% 年）、JaanaUusi-Kamppa（2000 年））等先后研究了河道两岸植被、森林、水生生物对水体污染物质的截留容量和净化效果。在植物对农业非点源氮、磷污染的吸收研究中，RichardsonCJ（1985 年）、PettsGE（1992 年）等先后提出湿地系统对水生植物的对污染物的吸收作用，及湿地系统对水环境质量具有重要作用。

美国以及欧洲等国家提出"土壤生物工程护岸"这一概念，此项概念是从最原始的柴木枝条防护措施发展而来的，经过多年的研究，现已形成一套完整的理论和施工方法，并得到了广泛应用。土壤生物工程是指利用植物对气候、水文、土壤等的作用来保持岸坡稳定的。

20 世纪 90 年代，受到德国"近自然型河流"观念的影响，日本开始提倡"多自然型河川建设"技术。通过改良传统的河道治理技术方法，将原有混凝土护坡拆除，取而代之的是浅滩、深潭、河心洲，减少景观树、绿地、草皮等绿化手段。丰富了河道的生态变化，为各种生物提供生存躲避的场所。日本神奈川县和东京的交界处的境川采用近自然的治河方法进行了治理，河道的微污染水体的水质有了明显的改善。

（三）国外村庄整治技术研究

1. 英国村庄建设

自 20 世纪 50 年代开始，英国经济得到复苏，城市发展迅速，城市化建设得到空前提高，但是随之而来的城市人口过密、城市乡村发展不协调、农村基础设施薄弱等负面影响制约着英国整体发展。英国提出"乡村发展规划"整体规划，该规划核心是加强乡村人口集中建设中心村，政府出台了一系列综合措施以提高乡村服务的利用率，以发挥其规模建设作用，到了 70 年代中期后，英国乡村"发展规划"政策转向为"结构规划"政策。

英国村庄建设给予的启示：①城乡统筹规划，树立"规划空间全覆盖"的规划思想。②城乡产业一体化发展，综合考虑城乡的产业结构与经济社会指标两者的分工与合作。③加强中心村建设，将中心村建设作为乡村规划建设的发展重点，充分发挥其地区经济与服务的作用。

2. 德国"乡村更新"假设

德国是一个注重整体协调发展的国家。德国以其优美的环境、便捷的交通、完善的基础设施而著名，德国村庄整治的主要做法有：①制定服务于村庄更新建设的法律体系。其中以《联邦土地整理法》及《联邦建筑法》最为重要。②注重村庄更新建设的规划控制。德国村庄整治规划的重点是优先考虑基础设施和社会服务设施的建设，注重单个建筑设计和整体景观协调，注重环境保护和古建筑物的保护。③强调村庄更新建设公众参与。从村庄更新项目的提出至规划设计、施工、建设管理，公众始终处于主导地位，通过平等的参与协商，加强公众与政府之间的沟通交流，调动居民参与乡村更新建设的积极性。德国村庄更新规划得以实施离不开有效的法律体系、控制村庄更新规划、公众参与。

3. 韩国新村运动

20 世纪 60 年代，韩国过分注重经济发展，重点扶持工业企业加强出口建设，使得工业与农业发展失去平衡，农村劳动力老龄化、大量农村人口涌入城市等因素带来诸多城市及社会问题。然而，由于当时的韩国还处于经济发展初级阶段，没有大量资金及人力解决农村生活及生产条件，因此发动广大农民、调动农民的积极性，通过农民的辛勤劳动来改善环境并建设农村成为唯一的解决方法。韩国的"新村运动"就是在此背景下提出的。

韩国"新村运动"主要内容包括：①加强农村基础设施建设。解决与农民生产生活最密切的问题，包括：道路、饮水、能源、通信、水利等问题，通过改善农村的基础设施，调动农民的积极性；②制定科学规划。韩国政府制定了科学有效的农村规划；③提高农民素质。韩国注重教育和培训农民，使得韩国在短短30年之内完成农业现代化及农业经济发展。

二、国内农田水利规划设计研究进展

（一）国内灌排技术研究进展

1. 节水灌溉技市发展

我国是一个水资源相对贫乏的国家，水资源总量2.8万亿 m^3，居世界各国第6位，但因为人多地广，人均水资源占有量却不足1/4，居世界109位，属13个贫水国之一。同时我国还是一个用水大国，目前我国灌溉面积约占耕地面积的50%，农业用水量约占总用水量的80%，约4000 m^3，而灌溉水的利用率只有40%左右，而发达国家的灌溉水利用率可达80%~90%，因此如果利用先进的节水灌溉技术，将全国已建成灌区的灌溉水利用率提高10%~20%，则每年可节约水量400~800亿 m^3。

节水灌溉是指根据农作物不同生长阶段的需水规律以及当地自然条件、供水能力，为了有效利用天然降水和灌溉水达到最佳增产效果和经济效益目标而采取的技术措施。在1950—1970这20年间，我国进入节水灌溉的初级阶段，主要节水技术是采取渠道防渗技术，健全渠系建筑物，平整土地按照作物需水量进行灌溉。随后几十年间渠道衬砌得到大面积的推广，到"九五"期间，建设防渗渠道23万 km，渠道防渗控制灌溉面积423.13万 hm^2；江苏省到2000年底，混凝土防渗渠道建设长度已达4.8万 km，控制灌溉面积100万 hm^2，占有效灌溉面积的25.7%。

然而，我国节水灌溉发展过程中，往往只注重渠系水利用率和灌溉水利用率的提高，很少考虑节水灌溉对农田生态环境产生的负面影响。张正峰等认为水泥铺设的沟渠使整体区域中孤立的斑块栖息地数量成倍增加，而生物生境的破坏和孤立的斑块栖息地数量的增加会在一定程度上阻碍农田物种的扩散，使群体趋向不稳定，导致生物多样性的降低。随着生态破坏所带来的问题日益严重，人们在追求粮食安全的基础上体会到生态安全的重要性。近年来，我国开始关注自然生态渠道的推广，要做到节水与生态的兼顾，低压管道输水灌溉工程技术是今后的主要发展方向。我国自50年代开始尝试低压管道输水灌溉技术的开发应用。80年代后，低压管道输水灌溉技术被列入"七五"重点科技攻关项目，管道管材及配套装置的研制取得了一些成果。2003 年末，全国低压管道输水灌溉面积已达 448 万 hm^2 覆盖全国 25 个省市自治区。在节水灌溉技术中滴灌、微喷灌等技术在国内也有着长足的发展，50 年代末期我国首次引进国外先进的微喷灌技术，但受到经济及科学技术的限制，当时此项技术并没有得到进一步发展。随着经济的发展，在之后的几十年中，通过对国外技术的学习及引进先进的设备，我国微喷灌发展明显加快，目前微喷灌技术主要用于水果、花井、蔬菜等产量低，收益高等经济作物。2002 年微灌面积约为 27.9 万 hm^2，占我国总灌溉面积的 0.5%。

2. 田间排水技市发展

我国农田排水技术在 20 世纪 50 年代至 70 年代主要围绕改善农田大排水环境而展开，侧重解决排涝问题；从 20 世纪 70 年代至 20 世纪 80 年代末，南方 14 省开展了广泛的涝渍中低产田改造治理，标志着农田排水技术的重点由排涝转向治渍；从 20 世纪 90 年代至今，农田排水技术得到进一步发展，主要表现在以计算机和现代信息技术为先导的高科技手段进入农田排水领域。暗管在排出地下水方面成效显著，20 世纪 50 年代起，我国暗管排水技术才开始发展，较之国外推迟了 100 年，随后暗管技术的发展在大面积推广中虽然遭受失败，但在 1959 年昆山县城南乡江蒲坪进行暗管排水试验取得成功，20 世纪 70 年代又搞了 $333hm^2$ 中间试验田，并在此基础上逐步推广。能有效调控地下水位的排水措施除暗管外，竖井排水亦受到重视。竖井排水指在地下水埋深较浅、水质符合灌溉要求的地区，结合井灌进行排水。在我国北方易涝易碱地区，实行井灌井排被作为综合治理旱、游、碱的重要措施，已在生产中得到广泛应用。20 世纪 90 年代中期国内开始研究新型排水指标：携渍兼治的排水指标。目前已经取得部分研究成果。

（二）国内生态河道发展近况

据历史记载，早在公元前 28 世纪，我国在渠道修整工程中就使用了柳枝、竹子等编织成的篮子装上石块来稳固河岸和渠道。这种最原始最古老的方法，现在越来越受到人们的青睐，国内有不少人在此基础上开始研究生态型护岸技术，并提出了多种不同形式的护岸技术。

然而，由于我国缺乏比较系统的河道生态治理模式研究，而且只重视眼前的利益，一度导致河道治理走入误区。在过去很长一段时间里，我国在河道治理方面只重视防洪抗旱的单一水利功能，多采用混凝土结构的渠道化的河道形式，阻断了水域与外环境的物质与能量的交换，最终导致水体恶化。

近代，我国在河道生态建设领域起步较晚，近几年才开始河道生态工程技术的研究与实践，目前还处于探索和发展阶段。杨文和、许文宗提出了以人为本、回归自然，生态治河的新理念。王超、王沛芳对城市河流治理中的生态河床和生态护岸构建技术进行了阐述，总结了生态河床构建的手段，生态型护岸的种类和结构形式。杨芸研究了生态型河流治理法对河流生态环境的影响。我国河道生态护坡技术发展较晚，但在国外生态护坡有研究基础上也取得长足发展。在根据上海河道具体特点，汪松年等人讨论生态型护坡结构。结合现阶段我国航道工程特点，鄢俊等讨论植草护坡特点及提出边坡种草的关键技术；陈海波在引滦入唐工程中提出网格反滤生物组合护坡技术。随着科学发展观认识的不断深入，我国对河道的生态修复愈加重视，一些地区相继开展了河道生态治理工作。2001 年，中国开始西部大开发政策，国家投资 107 亿元实施了塔里木河流域综合治理工程，此工程使塔河下游在 363km 的河道断流，尾间台特玛湖干涸，干流两岸胡杨林大面积枯死的生态环境有所恢复。太原市生态河道工程历时 3 年，投资 5.2 亿元，成功治理河道 6km，种植树木 10000 多株，极大改善了太原市城区环境。成都市的沙河是排洪、防汛、工业供水、农田灌溉的主要河道，随着城市的发展，沙河河道淤积、水质恶化、生态环境差等问题日益显现。成都市政府于 2001 年开始对沙河进行综合治理，治理工程重点突出河流的亲水性、生态性、可持续性及人与自然的和谐统一。

（三）国内村庄整治研究进展

新中国成立以后，建设社会主义新农村成为我党的主要建设任务。自 20 世纪 90 年代开始，中共中央提出多项政策来支持农村及乡镇发展，先后出台《村镇建房用地管理条例》、《建制镇规划管理办法》《村镇规划标准》《村庄及城镇规划管理条例》等相关文件，这些文件为村庄建设提供了政策依据。

1.北京郊区农村居民点整理研究

农村居民点土地整理是指利用工程规划设计调整农村土地产权，提高土地利用率，改善农民居住环境。农村居民点整理有利于节约土地，是进行现代农业改革的前提条件。

北京市郊区对农村居民点整理主要采取的方式是通过政府指导、企业参与运作模式，对旧村镇进行拆迁改造，将农民集中安排居住以节约出大量的村镇建设用地，通过土地流转将节约的土地复垦成耕地，或者村镇的其他基础设施用地。这样不仅有效节约土地增加耕地面积，还改善了村镇居住环境。

2.上海市死区村镇改造方案

上海市郊区改造方案主要方式是"拆村并点"。拆村并点是指将村镇中规模小、用地多、基础设施落后的建筑用地集中拆除并入其他村镇或者另外集中建设中心村，将原有住宅土地改造成耕地。通过拆村并点可以解决农村土地利用浪费，提高农民生活质量，可以精简农村的管理机构，促进农村劳动力向二、三产业流动以推动城市化进程。

国外在农田水利整治规划方面的研究起步较早也比较成熟，有规范的理论研究以及法律的制定，在区域的农田水利治理方面也有比较成熟的实证，现代农田规划不仅仅是提高农业综合生产能力，还逐步重视景观生态建设与环境保护。农田水利综合整理的理念正在向优化农业产业布局和优化工程设计转变。村级农田水利整治过程中还应考虑村庄村民居住区的改造，以提高农民居住环境为目的。

我国目前农田水利整治规划主要是对农用地进行规划，目的在于增加耕地面积，提高粮食生产等方面，目前农业水利工程还停留在纯水利工程的基础建设上，对生态村庄的建设活动仍处于探索阶段。对于实现农村区域生态建设与农田水利整治工作还没有完善的解决方法。

第三节　农田水利规划基础理论概述

传统的水利建设只注重于对水资源功能的开发，其建设工程如围湖造田、毁林（草）造地、填塞河道（湿地）种养植、河道裁弯取直、水利工程阻断水流自然流动、渠沟道大量混凝土衬砌、水旱分明的高低田全部平整、林网单一化、道路硬化等在解决农田高效节水、提高耕地质量同时忽略了整个生态系统至关重要的生态调节功能，生态系统遭受了极大的破坏，因此带来了诸多弊端。例如，农业面源污染加剧、水面积减少、多水塘系统破坏、水陆交错带减弱、生物多样性丧失、水资源短缺严重、水旱灾害频发等。本节介绍土地供给理论、生态水工学理论、土地集约利用理论、景观生态学理论、可持续发展理论，为之后的农田水利规划设计提供理论支撑。

一、土地供给理论

土地供给是指地球能够提供给人类社会利用的各类生产和生活用地的数量，通常可将土地供给分为自然供给和经济供给。我国土地储备形式分为新增建设用地（增量用地）和存量土地两种形式。其中增量土地供给属于自然供给，主要方式是将农业用地转化为非农业用地。存量土地是指经济供给，主要方式是对城市内部没有开发的土地、老城区、企事业单位低效率利用的闲置土地、污染工厂的搬迁等。我国城镇土地供给的主要途径是增量土地供给和存量土地供给。依据我国地少人多的基本国情，因此使用土地时必须严格遵守土地管理制度，严格控制城市土地的增加。因此，我国目前较多使用的城市土地供给途径为增量土地供给，这种途径一般需要通过出让土地的使用权或者租赁进入市场的土地。存量土地供给主要通过提高城市土地有效利用率来提高城市的土地供给，将城市中不合理的土地利用转化成合理的土地利用方式，对解决城市土地供给需求矛盾有很大的推动作用。

土地的自然供给是地球为人类提供的所有土地资源数量的总和，是经济供给的基础，土地经济供给只能在自然供给范围内活动，土地的经济供给是可活动的。土地供给方式不同，造成影响土地供给的因素也不同。土地经济供给是指在土地自然供给的基础上土地由自然供给变成经济供给后，才能为人类所利用。因此，影响土地经济供给的基本因素有自然供给量、土地利用方式、土地利用的集约度、社会经济发展需求变化和工业与科技的发展等。

随着经济增长，城市人口的增加，城市土地供给方式与农村土地供给方式存在差异性。我们主要研究在村镇农田土地基础上的水利规划，因此通过土地供给理论的研究，对本文土地平整研究中耕地面积增加途径提供以下两种方式：

（1）对区域内不合理用地进行整治，村镇耕地增加可通过村庄的拆并规整，将零散的居民点集中，以增加耕地的有效面积及对区域沟塘进行合理填埋等。

（2）增加土地投资，或更加集约化地利用现有的土地，通过内涵式扩大方式即在不增加村镇非农业用地面积的情况下，合理利用土地，做到地尽其用，节约利用土地，相对地扩大土地供给以满足人类对土地的需求。

二、生态水工学理论

生态水工学是在水工学基础上吸收、融合生态学理论建立发展的新兴的工程学科。生态水工学是运用工程、生物、管理等综合措施，以流域生态环境为基础，合理利用和保护水资源，在确保可持续发展的同时注重经济效益，最大限度满足人们生活和生产需求。生态水利是建立在较完善的工程体系基础上，以新的科学技术为动力，运用现代生物、水利、环保、农业、林业、材料等等综合技术手段发展水利的方法。生态水工学以工程力学与生态学为基础，以满足人们对水的开发利用为目标同时兼顾水体本身存在于一个健全生态系统之中的需求，运用技术手段协调人们在防洪、供水、发电，航运效益与生态系统建设的关系。

生态水工学的指导思想是达到人与自然和谐共处。在生态水工学建设下的水利工程既能够实现人们对水功能价值的开发利用，又能兼顾建设一个健全的河流湖泊生态系统，从而实现水的可持续利用。

生态水工学原理对本次农田水利结合生态理论的规划提供理论框架有：

（1）现有的水工学在结合水文学、水力学、结构力学、岩土力学等工程力学为基础融合生态学理论，在满足人们对水的开发利用的需求同时，还要兼顾水体本身存在于一个健全生态系统之中的需求。

（2）将河沟塘看作是生态系统组成的一部分，在规划中不仅要考虑其水文循环、水利功能还要考虑在生态系统中生物与水体的特殊依存关系。

（3）在河道、沟塘整治规划中应充分利用当地生物物种，同时慎重地引进可以提高水体自净能力的其他物种。

（4）为达到水利工程设施营造一种人与自然亲近的环境的目的，城市景观设计要注意在对江河湖泊进行开发的同时，尽可能保留江河湖泊的自然形态(包括其纵横断面)，保留或恢复其多样性，即保留或恢复湿地、河湾、急流和浅滩。

（5）在水利规划中考虑提供相应的技术方法和工程材料，为当地野生的水生与陆生植物、鱼类与鸟类等动物的栖息繁衍提供方便条件。

运用上述介绍的生态水工学理论为本次规划提供理论依据。

三、土地集约利用

土地集约利用是指以布局合理、结构优化和可持续发展为前提，通过增加存量土地的投入，改善土地的经营和管理模式，使土地利用的综合效益和土地利用的效率不断得到提高。在土地集约利用的相关研究中，国内外不同学者对这一概念给出了不同的解释。美国著名土地经济学家 Richard T.Ey 论述土地集约利用时指出土地集约利用是指对现在已利用的土地增加劳力和资本，这一方法称之为土地集约利用。肖梦在其所著的《城市微观宏观经济学》中提到：城市土地立体空间的多维利用，就是利用土地的地面、上空和地下进行各种建设。马克伟对土地集约经营的解释是：土地集约经营是土地粗放经营的对称。是指在科学技术进步的基础上，在单位面积土地上集中投放物化劳动和活劳动，以提高单位土地面积产品产量和负荷能力的经营方式。总结前人的理论研究成果再结合现代土地利用情况，得出土地集约利用不能单纯地追求提高土地利用强度，而应当在提高城镇土地经济效益的同时注重提高城镇的环境效益及社会效益，不能此消彼长，顾此失彼。

在可持续理论提出后，土地集约利用理论增加可持续发展概念。可持续发展理论成为土地集约利用理论的指导思想，人们在利用土地满足生产生活需要，创造更多财富价值的同时兼顾环境的改善及生态的平衡。土地集约利用包括了土地改良、土地平整、水利设施等方面。通过土地集约利用措施一方面可以提高土地的使用效率，同时还可减缓城市外延扩展的速度，从而节约宝贵的土地资源尤其是耕地，另一方面还有利于土地的可持续利用，以及对土地的开发利用进行合理配置。

土地集约利用理论一般为在同一块土地面积上投入较多的生产资料和劳动，然后进行精耕细作，用提高单位面积产量的方法来增加产品总量和取得最高经济效益。在同一种用途建设用地中，集约化程度的高低是容易判断的。因此，应尽量结合实际，选择具有高度集约化水平的用地方式。

土地利用的集约程度一般应以一定生产力水平和科学技术水平相适应，随着科学技术化水平的提高，低集约化的土地利用必然向集约化程度高的方向发展。同时也可以说在低集约化土地利用现状时，具有高集约化土地利用水平的巨大潜力。目前我国农村居民点的这种潜力是巨大的，这为村镇内涵发展提供了较为丰富的后备土地资源。

四、景观生态学理论

景观生态理论是 20 世纪 70 年代发展起来的一门新兴学科，是区别于生态学、地理学等学科的一门交叉学科。它既包含了现代地理学研究中的整体思想及对自然现象空间相互作用的分析方法，又综合了生态学中的系统分析、系统综合方法。景观生态学主要研究景观中的各个生态系统及他们之间的相互影响及作用，尤为注重研究人类活动对这些系统所产生的不同影响。国内对景观生态学的研究起步较晚，随着 20 世纪 80 年代初开始介绍景观生态学的概念，我国在地理学、生态学、农学、林学等方面的学者才开始对景观生态学的研究给予关注。

我国自 80 年代开始对景观生态学的基础理论进行了大量的研究，其中基础理论研究的文章即约占景观生态学研究文献的 40%。在对景观生态学的基础理论研究中，根据郭建国、邱扬、郭晋平等人的研究，将景观生态学的基础理论总结为以下几方面：时空尺度、等级理论、耗散结构与自组织理论、空间异质性与景观格局、缀块—廊道—基底模式、岛屿生物地理学理论、边缘效应与生态交错带、复合种群理论、景观连接度与渗透理论。景观生态学研究结合多种学科，在研究方法上具体的基础理论有多学科的特点，在本文研究中主要采用缀块—廊道—基底模式及空间异质性与景观格局基础理论为农田水利提供理论基础。

1. 景观生态学中"缀块—廊道—基底"模型及理论

我国景观生态的研究倾向于 Forman 和 Godron 的研究方式。根据其研究成果认为：景观生态学是研究在一个相当大的区域内，由许多不同生态系统所组成的整体（即景观）的空间结构、相互作用、协调功能以及动态变化的生态学新分支。景观生态学的研究对象可分为三种：景观功能、景观结构、景观动态。其中景观功能是指景观结构单元之间的相互作用；景观结构是指景观组成单元的类型、多样性及其空间关系；景观动态是指景观在结构和功能方面随时间推移发生的变化。依据 Forman 和 Godron 在观察和比较各种不同景观的基础上，认为景观结构单元可分为 3 种：斑块（patch），廊道（Corridor）和基底（matrix）。在农田生态廊道和景观格局分析中，将农田中不同的土地利用方式看作景观斑块，这些斑块构成了景观的空间格局。按照土地利用方式将农村景观分为：水田、旱田、园地、林地、水面、工矿用地、居民用地、其他建筑物用地、其他农用地以及未利用地等 11 种斑块类型。其中河流、沟塘系统构成廊道，运用景观生态学中基本原理分析其空间特征及景观生态影响，从而确定农田规划的可持续发展模式。

2. 景观格局理论

研究景观的结构（即组成单元的特征及其空间格局）是研究景观功能和动态的基础。景观格局理论可分为基本景观格局和优化景观格局。基本景观格局是指不同区域的研究对象研究侧重点不同，在景观规划时着重廊道的建设和功能的设计保持人工建设、水环境和自然环境的合理布局。优化景观格局是在基本景观格局的基础上综合了景观应用原理和格局指数量化分析方法，能为同等条件下不同方案策略的比较提供量化的参考。

在农田水利规划设计中应用景观生态学和景观规划理论，就是对参与其过程中的各项要素进行合理有效的配置规划，最大限度地实现土地的生态效益。工程实施时，要充分考虑到农田水利整治规划后的土地所带来的负面影响。不仅仅追求"量"的完成，还要追求"质"的提高，不仅要追求经济效益和社会效益，还要追求生态效益和视觉美观。

五、可持续发展理论

"可持续发展理论（Sustainable development）的概念最早在 1972 年斯德哥尔摩举行的联合国人类环境研讨会上正式讨论。1989 年 5 月联合国环境署理事会通过了《关于可持续发展的声明》，该声明指出：可持续的发展是指满足当前需要而又不削弱子孙后代满足需要能力之发展，而且绝不包含侵害国家主权的含义。

可持续发展研究涉及人口、资源、环境、生产、技术、体制及其观念等方面，是指既满足当代人的发展需要又不危害后代人自身需求能力的发展，在实现经济发展的目标的同时也实现人类赖以生存的自然资源与环境资源的和谐永续发展，使子孙后代能够安居乐业。

可持续发展并不简单地等同于环境保护，而是从更高、更远的视角来解决环境与发展的问题，强调各社会经济因素与环境之间的联系与协调，寻求的是人口、经济、环境各要素之间相互协调的发展。

可持续发展承认自然环境的价值，以自然资源为基础，与环境承载能力相协调地发展。可持续发展在提高生活质量的同时，也与社会进步相适应。可持续发展理论涉及领域较多，在生态环境、经济、社会、资源、能源等领域有较多的研究。此处主要介绍可持续发展在农业水利与农业生态方面的研究。

农业水利的可持续发展是我国经济社会可持续发展的重要组成部分，具有极其重要的地位。可持续发展理论对农业具有长远的指导意义，农业水利的可持续发展遵循持续性、共同性、公正性原则。农业水利的可持续之意是指：①农业水利要有发展。随着人口的增长，人类需求也不断地增长，农业只有发展才能不断地创造出财富和有利的价值满足需求。②农业水利发展要有可持续性。农业水利的发展不仅要考虑当代人的需求，还要考虑到后代人的生存发展，水利建设不仅关系着经济和社会的增长，还影响着生态、环境、资源的发展。农业水利在可持续发展过程中要树立以人为本、节约资源保护环境、人与自然和谐的观念。

在生态领域的可持续发展研究中，是以生态平衡、自然保护、资源环境的永续利用等作为基本内容。随着人们意识到人口和经济需求的增长导致地球资源耗竭、生态破坏和河流环境污染等生态问题，可持续理论得到进一步发展。村庄农田规划建设中河流、耕地、塘堰等作为景观格局的构成之一，与村庄的可持续发展紧密联系。Sim Vander Ryn 提出任何与生态过程相协调、尽量使其对环境的破坏影响达到最小的设计形式都称为生态设计。在生态设计中要注重尊重物种多样性，减少对资源的剥夺，保持营养和水循环，维持植物生存环境和动物栖息地的质量，以有助于改善人居环境及生态系统的健康为目的。

可持续发展研究中为本文提供的理论支撑有：

（1）提供指导方法和技术系统

可持续发展思想基本指导思想是建立极少产生污染物的工艺或技术系统，尽可能减少能源和其他自然资源的消耗。农田水利规划研究中的"生态性"离不开资源的利用，离不开技术系统的支持。通过生态保护与修复等管理措施和可持续的技术体系，实现农村的生态系统的可持续发展。

（2）提供完善的生态指导思想

规划方法的研究是建立在完善的指导思想之上，保证区域生态性是农田生态规划的核心思想，以可持续性作为设计标准，对农村农田进行生态规划。以"是否有利于整体生态系统的平衡和可持续发展"为评价标准，以"有利于整体生态系统的可持续发展"为工程设计的标准。这些标准为农田生态规划建设提供指导思想。

由以上可知，可持续发展指导思想对农田水利生态规划设计理论与方法体系建立具有多方面的指导意义。

第四节　田间灌排渠道设计

农渠是灌区内末级固定渠道，一般沿耕作田块（或田区）的长边布置，农渠所控制的土地面积称灌水地段。田间灌排渠道系指农渠（农沟）、毛渠（毛沟）、输水沟、输水沟畦。除农渠（农沟）以外，均属临时性渠道。本节主要介绍地面明渠方式下，田间灌溉渠道的设计。

合理设计田间灌溉渠道直接影响灌水制度的执行与灌水质量的好坏，对于充分发挥灌溉设施的增产效益关系很大。设计时，除上述有关要求以外，还应该注意以下几点：

应考虑田块地形，同时要满足机耕要求，必须制定出兼顾地形和机耕两方面要求的设计方案；

临时渠道断面应保证农机具顺利通过，且其流量不能引起渠道的冲刷和淤积。

一、平原地区

（一）田间灌排渠道的组合形式

1.灌排渠道相邻布置

又称"单非式""梳式"，适用于漫坡平原地区。这种布置形式仅保证从一面灌水，排水沟仅承受一面排水。

2. 灌排渠道相间布置

又称"双非式""篦式"，适用于地形起伏交错地区。这种布置形式可以从灌溉渠两面引水灌溉，排水沟可以承受来自其两旁农田的排水。

设计时，应根据当地具体情况（地形、劳力、运输工具等），选择合适的灌排渠道组合形式。

在不同地区，由于田间灌排渠道所承担任务有所不同，也影响到灌排渠道的设计。在一般易涝易旱地区，田间灌溉渠道通常有灌溉和防涝的双重任务。灌溉渠系可以是独立的两套系统，在有条件地区（非盐碱化地区）也可以相互结合成为一套系统（或部分结合，即农、毛渠道为灌排两用，斗渠以上渠道灌排分开）。灌排两用渠道可以节省土地。根据水利科学研究院资料，灌排两用渠系统比单独修筑灌排渠系可以节省土地约 0.5%，但增加一定水量损失是它的不足之处。

在易涝易旱盐碱化地区，田间渠道除了灌溉、除涝以外，还有降低地下水位、防治土壤盐碱化的任务。在这些地区，灌溉排水系统应分开修筑。

（二）临时灌溉渠（毛渠）的布置形式

1. 纵向布置（或称平行布置）

由毛渠从农渠引水通过与其相垂直的输水沟，把水输送到灌水沟或畦，这样，毛渠的方向与灌水方向相同。这种布置形式适用于较宽的灌水地段，机械作业方向可与毛渠方向一致。

2. 横向布置（或称垂直布置）

灌水直接由毛渠输给灌水沟或畦，毛渠方向与灌水方向相垂直，也就是同机械作业方向相垂直。因此，临时毛渠应具有允许拖拉机越过的断面，其流量一般不应超过 20~40L/s。这种布置形式一般适用于较窄的灌水地段。

根据流水地段的微地形，以上两种布置形式，又各有两种布置方法，即沿最大坡降和沿最小坡降布置。设计时应根据具体情况选择运用。

（三）临时毛渠的规格尺寸

1. 毛渠间距

采用横向布置并为单向控制时，临时毛渠的间距等于灌水沟或畦的长度，一般为50~120m，双向控制时，间距为其两倍。采用纵向布置并为单向控制时，毛渠间距等于输水沟长度，一般在 75~100m 以内，双向控制时，为其两倍。综上所述，无论何种情况，毛渠间距最好不宜超过 200m。否则，毛渠间距的增加，必然加大其流量和断面，不便于机械通行。

2. 毛渠长度

采用纵向布置时，毛渠方向与机械作业方向一致，沿着耕作田块（灌水地段）的长边，应符合机械作业有效开行长度（800~1000m），但随毛渠长度增加，必然增大其流量，加大断面，增加输水距离和输水损失，毛渠愈长，流速加大，还可能引起冲刷。采用横向布置时，毛渠长度即为耕作田块（灌水地段）的宽度 200~400m。因此，毛渠的长度不得大于 800~1000m，也不得小于 200~400m。

在机械作业的条件下，为了迅速地进行开挖和平整，毛渠断面可做成标准式。一般来讲，机具顺利通过要求边坡为 1：1.5，渠深不超过 0.4m，采用半填半挖式渠道。目前，江苏省苏南农村采用地下灌排渠道为机械耕作创造了无比优越的条件。

（四）农渠的规格尺寸

1. 农渠间距

农渠间距与临时毛渠的长度有着密切的关系。在横向布置时，农渠间距即为临时毛渠的长度，从灌水角度来讲，根据各种地面灌水技术的计算，临时毛渠长度（即农渠的间距）为 200~400m 是适宜的。从机械作业要求来看，农渠间距（在耕作田块与灌水地段二为一时，即为耕作田块宽度）应有利于提高机械作业效率，一般来讲应使农渠间距为机组作业幅度（一般按播种机计算）的倍数。在横向作业比重不大的情况下，农渠间距在 200m 以内是能满足机械作业要求的。

2. 农渠长度

综合灌水和机械作业的要求，农渠长度为 800~1000m。在水稻地区农渠长宽度均可适当缩短。

水稻地区田间渠道设计应避免串流串排的现象，以便保证控制稻田的灌溉水层深度和避免肥料流失。

二、丘陵地区

山区丘陵区耕地，根据地形条件及所处部位的不同，可归纳成三类：岗田、土田和冲田。

1. 岗田

岗田是位于岗岭上的田块，位置最高。岗田顶平坦部分的田间调节网的设计与平原地区无原则区别，仅格田尺寸要按岗地要求而定，一般比平原地区较小。

2. 土田

土田系指岗冲之间坡耕地，耕地面积狭长，坡度较陡，通常修筑梯田。梯田的特点是：每个格田的坡度很小，上下两个格田的高差则很大。

3. 冲田（垄田）

冲田（垄田）是三面环山形，如簸箕的平坦田地从冲头至冲口逐渐开阔。沿山脚布置农渠，中间低洼处均设灌排两用农渠，随着冲宽增大，增加毛渠供水。

三、不同灌溉方式下田间渠道设计的特点

（一）地下灌溉

我国许多地区，为了节约土地、扩大灌溉效益，不断提高水土资源的利用率，创造性地将地上明渠改为地下暗渠（地下渠道），建成了大型输水渠道为明渠，田间渠道为暗渠混合式灌溉系统。采用地下渠道形式可节省压废面积达 2%。目前地下渠道在上海、江苏、河南、山东等地得到了一些应用。

地下渠道是将压力水从渠首送到渠末，通过埋设在地下一定深度的输水渠道进行送水。采用得较多的是灰土夯筑管道混凝土管、瓦管，也有用块石或砖砌成的。地下渠系是由渠首、输水渠道、放水建筑物和泄水建筑物等部分组成。渠首是用水泵将水提至位置较高的进水池，再从进水池向地下渠道输水；如果水源有自然水头亦可利用进行自压输水入渠。

地下渠系的灌溉面积不宜过大，根据江苏、上海的经验，对于水稻区，一般以 1500 亩左右为宜。

地下渠道是一项永久性的工程，修成以后较难更改，一般应在当土地规划基本定型的基础上进行设计布置。

地下渠道的平面布置，一般有两种形式：

1. 非字形布置（双向布置）

适用于平坦地区，干管可以布置在灌区中间，在干渠上每隔 60~80m 左右建一个分水池，在分水池两边布置支渠，在支渠上每隔 60m 左右建一个分水和出水联合建筑物。

2. 统齿形布置（单向布置）

适用于有一定坡度的地段，干渠可以沿高地一边布置，在干渠上每隔 60~80m 设一个分水池，再由此池向一侧布置支渠。在支渠上每隔 30m 左右建一个分水与出水联合建筑物，末端建一个单独的出水建筑物。

（二）喷水灌溉

喷灌是利用动力把水喷到空中，然后像降雨一样落到田间进行灌溉的一种先进的灌溉技术。这一方法最适用于水源缺乏，土壤保水性差的地区，以及不宜于地面灌溉的丘陵低洼、梯田和地势不平的干旱地带。

喷灌与传统地面灌溉相比，具有节省耕地、节约用水、增加产量和防止土壤冲刷等

优点。与田块设计关系密切的是管道和喷头布置。

1. 管道（或汇道）的布置

对于固定式喷灌系统，需要布置干、支管；对于半固定式喷灌系统，需要布置干管。

（1）干管基本垂直等高线布置，在地形变化不大的地区，支管与干管垂直，即平行等高线布置。

（2）在平坦灌区，支管尽量与作物种植和耕作方向一致，这样对于固定式系统能够减少支管对机耕的影响；对于半固定式系统，则便于装拆支管和减少移动支管对农作物的损伤。

（3）在丘陵山区，干管或农渠应在地面最大坡度方向或沿分水岭布置，以便向两侧布置支管或毛渠，从而缩短干管或农渠的长度。

（4）如水源为水井，井位以在田块中心为好，使干管横贯田块中间，以保证支管最短；水源如为明渠，最好使渠道沿田块长边或通过田中间与长边平等布置。渠道间距要与喷灌机所控制的幅度相适应。

（5）在经常有风地区，应使支管与主风方向垂直，以便有风时减少风向对横向射程（垂直风向）的影响。

（6）泵站应设在整个喷灌面积的中心位置，以减少输水的水头损失。

（7）喷灌田块要求外形规整（正方形或长方形），田块长度除考虑机耕作业的要求外，还要能满足布置喷灌管道的要求。

在管道上应设置适当的控制设备，以便于进行轮灌，一般是在各条支管上装上闸阀。

2. 喷头的布置

喷头的布置与它的喷洒方式有关，应以保证喷洒不留空白为宜。单喷头在正常工作压力下，一般都是在射程较远的边缘部分湿润不足，为了全部喷灌地块受水均匀，应使相邻喷头喷洒范围内的边缘部分适当重复，即采用不同的喷头组合形式使全部喷洒面积达到所要求的均匀度。各种喷灌系统大多采用定点喷灌，因此，存在着各喷头之间如何组合的问题。在设计射程相同的情况下，喷头组合形式不同，则支管或竖管（喷点）的间距也就不同。喷头组合原则是保证喷洒不留空白，并有较高的均匀度。

喷头的喷洒方式有圆形和扇形两种，圆形喷洒能充分利用喷头的射程，允许喷头有较大的间距，喷灌强度低，一般用于固定、半固定系统。

第五节　田间道路的规划布局

田间道路系统规划是根据道路特点与田间作业需要对各级道路布置形式进行的规划。搞好道路规划，有助于合理组织田间劳作，提高劳动生产率。然而，道路的修建，道路网的形成也改变了其周围的景观生态结构，道路的建设、道路的运输活动也会给周围造成一定的生态破坏和环境污染。因而在对田间道路系统规划时还应结合景观生态学、生态水工学等理论对道路进行生态可持续规划。根据田间道路服务面积与功能不同，可以将其划分为干道、支道、田间道和生产路四种。

一、道路的生态影响

道路在景观生态学中称之为廊道，作为景观的一个重要组成部分，它势必对周围地区的气候、土壤、动植物以及人们的社会文化、心理与生活方式产生一定程度的影响。

1. 道路的小气候环境影响

道路的小气候主要由下垫面性质及大气成分决定。下垫面性质不同对太阳的吸收和辐射作用不同，道路中水泥、沥青热容量小、反射率大、蒸发耗能极小，势必造成下垫面温度高。道路下垫面与周围、温度、湿度、热量、风机土壤条件组成小气候环境，下垫面吸热量小、反射率大极易造成周围出现干热气候。道路两旁栽植树木可以起到遮阴、降温和增加空气湿度等作用，测量数据显示，道路种植树木可有效降低周围温度达3℃以上，空气湿度也增加10%~20%。树木还可以吸收二氧化碳、释放氧气改变空气成分，另外田间道路两边种植树木还可以降低风速，防止土壤风蚀，减少污染物和害虫的传播，对周围农田生态系统有较好的保护作用。

2. 道路城镇化效应

道路是地区间的关系纽带，道路运输刺激商品的交换发展，对于乡村来说道路的意义更为重要。道路刺激经济发展加快城镇化建设，在道路运输商品的过程中，也传递文化、信息、科技，这些不仅带动了地方的经济发展也促使了人们文化观念的改变。城镇化的直接后果是城市景观不断代替乡村景观，造成乡村景观发生巨变。

3. 道路对生态环境破坏

道路对生态环境破坏主要在道路的建设及道路的运输。道路建设过程中开山取石、占用土地、砍伐树木对土壤、植被、地形地貌不可避免地造成生态破坏。另外道口建成带动周边房屋建设占用田地，给周围地区带来较大的干扰。道路运输过程中产生大量的污染物，道路中产生的污染是线性污染，随着运输工具的行驶污染物传播范围广、危害面积大、影响面广。汽车产生的尾气造成空气成分改变，影响太阳辐射，对周边动植物及人类有很大的危害。交通运输的噪声也是一大危害，道路噪声主要由喇叭、马达、振动机轮胎摩擦造成。据测量，道路产生的噪声已高达70dB以上，影响着人们的正常生活。

道路的生态建设是在充分考虑地形地貌、地质条件、水文条件、气候条件已经社会经济条件等基础上，根据生态景观学原理规划设计。道路的曲度、宽度、密度及空间结构要根据实际需要进行合理规划，要因地制宜，不应造成大的生态破坏。

二、田间道路及生产路规划内容

田间道路规划中干道、支道是农田生态系统内外各生产单位相互联络的道路，可行机动车，交通流量较大，应该采用混凝土路面或泥结碎石路面。根据有利于灌排、机耕、运输和田间管理，少占耕地，交叉建筑物少，沟渠边坡稳定等原则确定其最大纵坡宜取6%~8%，最小纵坡在多雨区取0.4%~0.5%，一般取0.3%~0.4%。田间道路根据规划区原有道路状况、耕作田块、沟渠布局及农村居民点分布状况进行设置，以方便农民出行及下地耕作。

田间道是由居民点通往田间作业的主要道路。除用于运输外，还应能通行农业机械，以便田间作业需要。一般设置路宽为3m~4m，在具体设计时交叉道路尽量设计成正交。在有渠系的地区进行结合渠系布置。另外，田间道和生产路是系统内生产经营或居民区到地块的运输、经营的道路，数量大，对农田生态环境影响也较大。因此生态型田间道的设计模式应以土料铺面为主，铺以石料。

生产路的规划应根据生产与田间管理工作的实际需要确定。生产路一般设在田块的长边，其主要作用是为下地生产与田间管理工作服务。在路面有条件的地区考虑生态物种繁衍方面，生产路的设计可以选择土料铺面，以有利于花草生存及野生动物栖息，促进物种的多样性。在土质疏松道路不平整地区以满足正常行走为主要目标可以选择泥结碎石路面。道路设计时还应保证居民与田间、田块之间联系方便，往返距离短，下地生产方便；尽量减少占地面积，尽量多地负担田块数量和减少跨越工程，减少投资。

道路两侧种植花草树木，可以营造野生动植物的栖息之所，也可以使斑块内生物更好地流通，有利于生物扩散，促进生物多样性。具体道路规划可见表4-1。

表4-1 田间道路及生产路规划

道路分级	行车情况	路面宽度/m	高出地面/m	道路地基	备注
干道	汽车	6~8	0.7~1.0	混凝土或泥结碎石	村与村
支道	汽车、拖拉机	3-5	0.5~0.7	混凝土或泥结碎石	村与田
田间道路	拖拉机	3~4	0.3~0.5	土料	田间机耕路
生产道路	非机动车	1~2	0.3	土料	田间人行

第六节 护田林带设计

护田林带设计是农地整理设计的一项重要内容，它应同田块、灌排渠道和道路等项设计同时进行，采取植树与兴修农田水利、平整土地、修筑田间道路相结合，做到沟成、渠成、路成、植树成。

营造护田林带能够降低风速，减少水分蒸发，改善农田小气候，为农作物的生长发育创造有利的条件，从而起到护田增产的作用。根据辽宁省新章古台防林试验站提供的资料，在林带 20H（H 为带高）范围内，与空旷地相比，随林带结构的不同，风速平均降低 24.7%~56.5%，平均气温高 1.2℃（9%），相对空气湿度增加 1.0%~4.0%。平均地表温度提高 3.3℃（12.5%），蒸发量降低 14.7mm（13.9%），作物总产量比无林保护的耕地增产 21.0%~51.3%，高达一倍半。此外，林带对防止棉花蕾铃脱落和增产具有一定的作用。据江苏沿海防风试验站资料，在 1956 年 8 月一次十级大台风，无林区棉铃脱落 16.5%~75.8%（包括自然脱落），有林区脱落 9.3%~32.6%，有林区损失减少40~50%。林后 10H 距离内棉花单产比无林区增产 40.29%。

一、林带结构的选定

林带结构是造林类型、宽度、密度、层次和断面形状的综合体。一般采用林带透风系数作为鉴别林带结构的指标。林带透风系数指林带背风面林缘 1m 处的带高范围内平均风速与旷野的相应高度范围内平均风速之比。林带透风系数 0.35 以下为紧密结构，0.35~0.60 为稀疏结构，0.60 以上为通风结构。

不同结构林带具有不同的防风效果。紧密结构林带其纵断面上下枝叶稠密，透风孔隙很少，好像一堵墙，大部分气流从林带顶部越过，最小弱风区出现在背风面 1~3H 处，风速减弱 59.6%~68.1%，相对有效防风距离为 10H。在 30H 范围内，风速平均减低 80.6%。

稀疏结构林带，其纵断面具有较均匀分布的透风孔隙，好像一个筛子。通常由较少行数的乔木，两侧各配一行灌木组成。大约有 50% 的风从林带内通过，在背风面林缘附近形成小漩涡。最小弱风区出现在背风面 3~5H 处。风速减弱 53%~56%，相对有效防风距离为 25H（按减低旷野风速 20% 计算），在距林带 47H 处风速恢复 100%。在30H 范围内，风速平均减低 56.5%。

通风结构林带没有下木，风能较顺利地通过，下层树干间的大孔隙形成许多"通风道"，背风面林缘附近风速仍然较大，从下层穿过的风受到压挤而加速。因此，带内的风速比旷野还要大，到了背风林缘，解除了压挤状态，开始扩散，风速也随之减弱，但在林缘附近仍与旷野风速相近，最小弱风区出现在背风 3~5H 处，随着远离林带，风速逐渐增加。相对有效防风距离为 30H 范围内，内速平均减低 24.7%。

从上述三种结构林带的防风性能来看，紧密结构林带的防风距离最小，所以农田防护林不宜采用这种结构。在风害地区和风沙危害地区，一般均采用通风结构林带和稀疏结构林带。

二、林带的方向

大量实践证明，当林带走向与风向垂直时，防护距离最远。因此，根据因害设防的原则，护田林带应该垂直于主要害风方向。害风一般是指对于农业生产能造成危害的 5 级以上的大风，风速等于或大于 8m/s。因此，要确定林带的方向，必须首先找出当地的主害风方向。

为了确定当地主要害风方向，必须对其大风季节多年的风向频率资料进行分析研究，找出其频率最高的害风方向，以决定林带的设置方向。如江苏苏北春季麦类灌浆乳熟期多为西南向干旱风为害，而在夏秋间棉花开花结铃时又有东北向台风侵袭。

一般以春秋两季风向频率最高的害风叫作主害风，频率次于主害风的叫次害风。垂直于主害风的林带称为主林带，主林带沿着轮作田区或田块的长边配置；与主林带相垂直的林带称为副林带，一般沿着田块的短边配置，但是设计时往往因受具体条件限制，为了尽量做到少占或不占，少切或不切耕地，充分利用固定的地形、地物，可与主害风方向有一定的偏离。有关的实验观测证明，当林带与主害风方向的垂直线的偏角小于30°时，林带的防护效果并无显著的降低。因此，主林带方向与主要害风的垂直线的偏角可达 30°，最多不应超过 45°。林带间距过大过小都不好，如果过大，带间的农田就不能得到全面的保护；过小，则占地、胁地太多。因此，林带间的距离最好等于它的有效防护距离。护田林带的有效防护距离即农田的有效受益范围，是决定林带间距和林带网格面积的主要因子。

有效防护距离，应根据当地的最大风速和需要把它降低到什么程度才不致造成灾害，以及种植树种的成林高度为依据而确定。

据有关观测资料表明，林带有效防风距离为树高 20~25 倍（20~25H，H 为树高），最多不超过 30 倍（30H）。江苏苏北沿海造林常用乔木树种有洋槐、桑树、臭椿、中槐等；灌木树种有紫穗槐等。乔木树种成林树高平均为 10m。因此，一般来说主林带的间距在 300~500m，副林带间距，考虑到机械作业效率，可达 800~1000m。例如苏北沿海多采用主林带间距为 200~300m，副林带间距为 800~1000m，构成面积为 240~250 亩的网格。

三、林带的宽度

林带宽度对于防护效果有着重要的影响，同时宽度的增减对占地多少又有着直接的关系。因此，林带的适宜宽度的确定，必须建立在防风效率与占地比率统一的基点上。

林带的宽度是影响林带透风性的主要因子，林带越宽，密度越大，其透风性越小，否则相反。而林带透风性与林带防护效果关系很大，不同的带宽具有不同的防护效果。过窄的林带显然效果差，但过宽的林带也不好，过宽时，透风结构的林带也将随之转化为稀疏的以至紧密的防风效应，从而影响有效防护距离和防风效率。林带防风效果并不是随林带宽度的增加而无限制地增大，当带宽超过一定的限度，防风效益就会停止增加。林带的防护效果最终以综合防风效能值来表示，它是有效防护距离和平均防风效率之积的算术值。综合防风值高，说明宽度适宜，防护作用大，反之，防护作用则低。

林带占地比率是随着宽度增加而增加的，网格面积相同，林带越宽，占地比率就越大。据调查，一般林带占地比率为4%~6%，一般来说农田防护林以采用5至9行树木组成的窄林带为宜。

林带宽度可按下式计算：

林带宽度 =（植树行数 -1）× 行距 +2 倍由田边到林缘的距离

行距一般为1.5，由田边到林缘的距离一般为1~2m。根据上式，8~9行的主林带的宽度为12~17m，5~7行的副林带的宽度为8~10m。江苏省沿海一些农场林带宽度多采用主林带为15~20m，副林带10~12m。

第七节　农田水利与乡村景观融合设计

一、乡村景观内涵

根据乡村地区人类与自然环境的相互作用关系，确定乡村景观的核心内容包括以农业为主体的生产性景观、以聚居环境为核心的乡村景观聚落景观和以自然生态为目标的乡村生态景观。由此可见，乡村景观的基本内涵包含了这三个层面的内涵。

1. 生产层面

乡村景观的生产层面，即经济层面。以农业为主体的生产性景观是乡村景观的重要组成部分。农业景观不仅是乡村景观的主体，而且是乡村居民的主要经济来源，这关系到国家的经济发展和社会稳定。

2. 生活层面

乡村景观的生活层面，即社会层面。涵盖了物质形态和精神文化两个方面。物质形态主要是针对乡村景观的视觉感受而言，用以改善乡村聚落景观总体风貌，保持乡村景观的完整性，提高乡村的生活环境品质，创造良好的乡村居住环境；然而精神文化主要是针对乡村内居民的行为、活动以及与之相关的历史文化而言，主要是通过乡村的景观规划来丰富乡村居民的生活内容，展现与他们精神生活世界息息相关的乡土文化、风土民情、宗教信仰等。

3. 生态层面

乡村景观的生态层面，即环境层面。乡村景观在开发与利用乡村景观资源的同时，还必须做到保持乡村景观的稳定性和维持乡村生态环境的平衡性，为社会呈现出一个可持续发展的整体乡村生态系统。

二、农田水利与乡村景观联系

（一）农田水利工程创造乡村景观

人类是景观的重要组成部分，乡村景观是人类与自然环境连续不断相互作用的产物，涵盖了与之有关的生产、生活和生态三个层面。其中，农田水利是乡村景观表达的主线。正如古人所说的"得水而兴、弃水而废"，农田水利是农业的命脉，农业形成了乡村景观的主体，农田水利创造独具地域特色的乡村景观。

早在我国古代就有将农田水利工程景观化的案例，苏堤的修建就是景观水利、人文水利的典型。西湖上横卧的苏堤既解决了交通问题，又解决了清淤的去处，同时营造了独特靓丽的风景线，对西湖空间进行分割，内外湖由此而生。秦蜀守李冰主持（前 256 年~前 251 年）修建了长江流域举世闻名的综合性水利枢纽工程——都江堰（今四川灌县），如今仍然发挥着重要作用，并成为著名的历史文化景观。

农田水利在发展农业的同时，作为乡村景观要素的一个重要组成部分，与乡村景观有机地结合在一起，增加了乡村景观多样性和生物多样性，丰富了乡村景观形态。

（二）乡村景观传递水文化

文化与景观在一个反馈环中相互作用：文化改变景观、创造景观；景观反映文化，影响文化。景观、文化、人构成了一个紧密联系的整体，人作为联系景观与文化的红线，在生产、生活的实践中，在时间的隧道中创造着文化，并将文化表现为一定的景观，同时景观也因为人的参与而具有了一定的文化内涵。工程是文化的载体，每一处农田水利工程都记载着人民治水兴农的历史踪迹。

郑国渠是秦王嬴政元年（公元前 246 年）在关中动工兴建的大型引泾灌溉工程。郑国渠历经各个朝代建设，先后有汉代白公渠、唐代郑白渠、宋代丰利渠、元代王御史渠、明代广惠渠、通济渠、清代龙洞渠及我国著名水利先驱李仪祉先生 1932 年主持修建的泾惠渠。渠首 $10km^2$ 的三角形地带里密布着从战国至今 2200 多年的古渠口遗址 40 多处，映射了不同历史时期引水、蓄水灌溉工程技术的演变，水文化内涵极为丰富，被誉为"中国引水灌溉历史博物馆"。

可以说古代引泾灌溉的历史，就是我国封建社会以农为本，兴办水利发展生产的一部水利史诗，它记录了我国人民引泾灌溉、征服自然的伟大历程，是一幅波澜壮阔的灌溉工程历史画卷，向人们传递着厚重的历史文化。

三、农田水利与乡村景观融合形态的体系构建

形态在一定的条件下表现为结构，因此从形态构成的角度可以说明结构是形态的表现形式，而其中包含着点、线、面三个基本构成要素。从以上所述得出，农田水利景观是景观形态在一定条件下的表现形式。有研究人员认为，景观结构主要是指各景观组成的单元类型、多样性以及各景观之间的空间联系。而在广泛比较了各种景观结构形态之后，又得出构成景观的单元有三种，即斑块、廊道和基质。因此以景观生态学的景观结构为基础，将景观单元与结构形态两者相结合，即本节的农田水利工程与乡村景观融合。

（一）"点"——水工建筑景观

点，即斑块，一般指的是与周围环境在外貌或性质上的不同空间范围，并内部具有一定的均质性的空间单元。斑块既可以是植物群落、湖泊、草原，也可以是居民区等，因此，不同类型的斑块，在大小、形状、边界和内部均质程度都会有很大的差异。斑块的概念是相对的，识别斑块的原则是与周围的环境有所区别，且内部具有相对均质性。应该强调的是，这种所谓的内部均质性，是相对于其所处周围环境而言的，主要表现为农田水工建筑组合体与周边背景区域的功能关系。

（二）"线"——河流、渠道景观

线，即廊道，指景观中与之相邻两边自然环境的线性或带状结构。本节所叙述的包括河流、田间渠道、道路、农田间的防风林带等。例如新疆维吾尔自治区境内的慕士塔格山下宽广的冲积平原与河道某流域的蜿蜒线性河流。

（三）"面"——农田景观

面，即基质，亦称为景观的背景、基底，在景观营造过程中，面的分布最为广泛，并且具有联系各个要素的作用，具有一定的优势地位。面决定景观，也就是说基质决定着景观的性质，对景观的动态起着主导作用。森林基质、草原基质、农田基质等为比较常见的基质，如四川成都平原东部农山景观。

四、农田水利工程与乡村景观融合具体方式

农田水利工程大多位于山川丘陵的乡野地区，工程融于自然，景色秀美，为发展乡村水利旅游提供了好的规划思路与开发资源，主要由农田水利工程设施与其共生文化共同组成。乡村景观缺少的就是如何选择好的交汇点将农村的工程设施景观与文化景观结合起来，然而中国传统的农田水利正是这两种景观的完美交汇点。

（一）工程景观融合

1. 融合农田水利功能对景观进行划分

农田水利属于乡村景观中的生产性景观，根据农田水利工程的不同功能与属性来确定农田水利景观的景观单元，分为取水枢纽景观、灌溉景观、雨水集蓄景观、井灌井排景观、田间排水景观、排水沟道景观、水工建筑景观、不同地域景观八个景观单元，通过划分出的景观单元能够系统地、逐步地向人们展示农田水利工程的工程景观。如取水枢纽景观单元中包括拦水坝、堤、泄洪建筑物等，灌溉景观单元中的渠道、分水闸、节水闸、喷灌微灌等。

2. 融合农田水利与水的形态对空间进行划分

水主要分为动态与静态的水，水的形态是指动态或静态的水景与周围静止相结合而表达出的动、静、虚、实关系。

农田水利工程设计的直接对象就是水体，水利工程设定了水的边界条件，规范了水的流动，并改变了水的存在。在兴利除害的同时，还应对自然作生态补偿，用不同的方式处理使其产生更美的水景空间。

（1）静空间

静空间的营造可通过拦河筑堤坝蓄江、河、湖泊、溪流等形成。形成的水体是大面积静水。静态的水，它宁静、祥和、明朗，表面平静，能反射出周围景物的映像，虚实结合增加整个空间的层次感，提供给游人无限的想象空间。水体岸边的植物、水工建筑、山体等在水中形成的倒影，丰富了静水水面、有意识地设计、合理地组织水体岸边各景观元素，可以使其形成各具特色的静空间景观。

（2）动空间

动空间的营造可通过溢洪道、泄洪洞汛期泄洪，喷灌等水利工程形成。动水与静水相比，更具有活力，而令人兴奋、激动和欢快。如小溪中的潺潺流水、喷泉散溅的水花、瀑布的轰鸣等，都会不同程度地影响人的情感。

动水分为流水、落水、喷水景观等几种类型：

流水景观。农田水利工程中的下游河道生态用水、灌溉设施的渠道、水闸，田间排水设施的明沟等都会形成或平缓，或激荡的流水景观。在景观规划和设计中合理布局、精心设计，均可形成动人的流水景观。

落水景观。落水景观主要有瀑布和跌水两大类。瀑布是河床陡坎造成的，水从陡坎处滚落下跌形成瀑布恢宏的景观；跌水景观是指有台阶落差结构的落水景观。如大型水库的溢洪道一般高度高，宽度大，其泄水时的景象非常壮观，为库区提供变化多样的动态水景。

喷水景观。喷水此处主要是指喷灌与微灌节水设施所形成的喷水景观。喷灌与微灌是农业节水灌溉的主要技术措施，在满足节水灌溉需求的同时也形成了乡村特有的喷水景观，更胜于城市环境中传统的喷泉喷水形式。

（二）文化景观融合

在农田水利景观资源的开发中，需挖掘的文化包括农田水利自身的工程文化、水利共生的水文化、资源所属的地域文化，三者共同组成农田水利景观资源非物质景观。

1.融合农田水利工程文化

农田水利工程从最初的规划、设计到后期的施工、运行管理，每个环节都需要科学与技术的综合运用，涉及机械工程、电气工程、建筑工程、环境工程、管理工程等多学科的知识。农田水利工程的共有特性是先进技术与措施，这正是乡村旅游的关键看点所在。如运用图示、文字的形式展示工程当中的工艺流程、工作原理等内容，使旅游者更好地了解农田水利、认识农田水利，在学习水利知识的同时还能够增强旅游者的水患意识，促进人水和谐全面发展。

2.融合农田水制水文化

我国古代的哲人老子说："上善若水，水利万物而不争"。水是农业的命脉，我国是古老的农耕国度，靠天吃饭一直是主旋律，但天有不测风云，"雨养农业"着实靠不住。于是，古人便"因天时，就地利"，修水库、开渠道，引水浇灌干渴的土地，从而开辟出物阜民丰的新天地。2000多年前，李冰修建都江堰，引岷江水进入成都平原，灌溉出"水旱从人""沃野千里"的"天府之国"，至今川西人民仍大受其益；20世纪60年代，河南林县人民建成红旗渠，引来潼河水，从此在红旗渠一脉生命之水、幸福之水的滋润下，苦难深重的林县人民摆脱了千百年旱渴的折磨，走上了丰衣足食的富裕之路。可通过将挖掘出的水文化作为中心，以文字篆刻等手段来体现，将文化与景观结合，向公众展示我国历史悠久的水文化。

3.融合农田水利池域文化

农田水利工程遍布大江南北，因其所处的地域不同，所以各具不同的地域文化，展现出浓郁的地方特色。乡村景观因地域差异而具特色，各有各的自然资源和历史文脉，正所谓江南水乡、白山黑水、巴山蜀水自有其形，各有千秋。

第五章 水库工程设计

第一节 水库水工设计方案的对比

随着社会经济的不断提高，我国的水库工程发展项目越来越多，区域在不断地扩大，对水库工程的施工提出了更高的要求，难度也有所增加，特别是对于设计方案阶段的工作，需要从不同的方面进行研究论证，制定出合理、科学、有效的设计方案，通过专业人员的研究分析，进而找到最优质的方案实施。对于水库工程的设计方案而言，对于项目所选的位置、周围建筑物的布置等，都需要进行详细全面地论述，将所有方案进行整体的对比采样，来分析得出最适合工程项目的实施方案，以此来保证整个水库工程的顺利进行。水库工程的施工过程复杂烦琐，并且有很高的要求，需要技术和安全方面的严格把控，在施工的过程中还会受到多方问题的制约，所以，具体施工的难度非常大。

一、水工设计方案的对比的重要性

在水库工程项目具体施工之前，要在工程前期对整个工程进行大量的前期论证与研究工作，以便论证设计方法的合理性与可行性。随着科技的快速发展，水库工程难度不断提高，对水工设计方案论证的要求也越来越高，怎样迅速、准确、合理地选定水工设计方案，明确坝址、坝型以及相关水工建筑物布置方案，是水库工程前期工作中非常重要的环节。水库工程一般历时较长，启动资金的金额较大，并且具有一定的规模，其中需要的工程技术也比较多样复杂。施工的时候因为工程量较大，加之不可控的环境因素，也为施工增加了不少难度，在施工前就要考虑到环境因素和天气情况，有一些施工作业会间接造成影响，一定要防患于未然。对于水库工程存在的风险还有稳定性、耐用性等，需要防范水流过多、工程的蓄水能力，结合着合同中标准的规范与要求，来制定有针对性的技术方法。稳定的地基可以避免后期建设容易发生的各种问题，通过扎实的技术和科学的处理、有效的技术措施，在保证安全施工的合理时间范围之内加快施工速度，保证合格质量，提高工作效率。

对水工设计而言，水库型式、处理措施以及布置等均应当结合设计条件的改变进行变化。当坝址不同时，因为地质条件存在差异，水工的布置、型式等也存在一定差异。在对比、选择坝址时，不同方案的枢纽布置、坝型等会因为场址不同而存在一定区别，不仅是投资、工程量等存在区别，水工建筑物的断面尺寸、型式等也会因为地质条件、所处位置的不同而发生变化。对类型相同的水库工程而言，水工设计的侧重点、控制硬度等也会因为发展水平、经济条件以及地域差异等因素而有所差别。

二、水工设计方案的原则

水库工程项目的设计方案最主要的原则就是实事求是，要求要对设计和方案中所产生的材料客观对待，通过严谨科学的方式对设计方案进行细致分析，不能有投资偏向的现象出现，要站在公平的角度看待每一份设计方案，不能因投资方等原因而忽视设计本身的缺陷，要对于优秀方案给予采纳。通过对各个方案的互相比较与分析，以整体工程指标为标准进行筛查，如果有方案在进行分析比对的过程中有明显不可实施的环节，或者与其他工程方案相比较之下没有明显的优势，就可以淘汰此设计方案，不作为参考对比进行；如果是经过专业人员的整体分析，在设计方案的整个内容上只有一个环节可以达到相关的要求，或者这个设计方案在整体看来和其他的设计方案有突出的优势比对，这时也就不需要进行更加细致的对比分析，可以直接选取这类设计突出的方案。

工程设计的全面完成是参加方案选择的前提条件，在整个设计全部完成之后，才能进行后续综合的方案比较。一方面，在进行选取最优设计方案之前，要进行全面的准备工作，对于比较容易在选择过程中出现的问题，以及一些相关影响因素进行综合考虑，提前对问题进行假设，并找到相应的解决措施，针对这些影响因素进行全面综合的分析比对。另一方面，要考虑在投资和工程量二者之间的比较时，需要把所有容易出现问题的因素找到并且列出，对于问题的关键之处进行相互对比，通过研究所产生的控制因素、关键因素、次要因素的发生原因进行详细对比，最终选择出最优质的方案。

三、水工设计方案的对比的问题

通过水工方案的对比过程可以看出，选择水工设计方案的过程还存在着诸多问题，对于建筑物布置的情况把握不准，施工条件和工期达不到预设要求，工程技术容易存在风险环境等情况，都需要提高重视。水库工程的施工过程复杂烦琐，并且有很高的要求，需要技术和安全方面的严格把控，在施工的过程中还会受到多方问题的制约，所以具体施工的难度非常大。在水工设计方案进行对比的过程中，要将所有可能发生的风险因素考虑进去，通过专业的技术研究来论证，并进行相应的修改和调整，以确保方案最后使用决策的正确。

在水库工程项目具体设施建设之前，工程设计方面和投资都是需要重点关注的工作，工程项目以货币形式来取得投资需要，而投资方所产生的经济效益进行提高，通过工程设计的具体方案以及每个部分的工程造价进行比对，通过科学合理的分析，来论证水工建设的经济回报，是解决水利工程实施风险的重要途径。在投资的估算方面，施工企业还需要充分考虑施工过程中的各方面因素，利用科学知识来划分工程的投资结构，以此来提高资金估算的准确性，也为初始预算提供了重要的参考数据，确保了估算报告的科学性和合理性，否则如果是初设概算超过了相关的明文规定，还需要再次进行报批。也就代表在水利工程设计的决策阶段，企业要综合分析每一个方面可能产生的影响因素，通过全方面的比对与分析来验证水库工程项目经济性，多角度进行研究对比水库工程的设计方案，通过对于作业环境的考虑、社会人文特点的评估等方面，进行科学合理化的资金估算，以科学为依据编制工程的造价，利用全方位的动态来控制各部分造价。同时对于施工的企业来说，还需要分析投资所产生的影响因素，通过多角度进行分析，利用科学可实行操作考虑工程施工情况，当水工设计方案最终确定后，还要对所选方案进行整体全方位地仔细审核，检查其是否具有可行性，并与相关的单位进行协调，总结归纳所给出的意见、建议，对选择的水工设计方案进一步完善，来确保选择的方案最优。

方案的整体设计过程之中，水库工程内容较为复杂与系统，所以选择的方案也要考虑到水库工程各个方面的特征，在工程安全方面进行严格把控，减少安全问题的发生。在工程项目施工进行之前，对整个工程资料有详细介绍说明，在网络建立资料库，并通过施工进度的不断进行来跟进提升，及时检验检测，并要不断更新上报。与此同时对已有资料也要合理归纳整理，不仅能了解项目所需时间，还可以对完工时间进行估算，在保证质量的基础上缩短时间，这样不仅节省了施工成本，还节约了工期，对资源的节约也很有帮助。对施工中的一些重要问题要进行针对性研究探讨，发现新的问题及时解决，对于没有发生的问题及时预设，进行探讨进而解决问题，这样规范化管理对水库工程建设的质量和效率都有提升。

从整体来看，水工建设工程施工的过程都会受到环境因素的影响，一定要将环境评估的工作重点实行，客观真实地对评估工程项目建设提出有效要求，在环境评估这一过程中，企业要进行多层次的科学调研，来充分了解施工现场环境情况，通过详细的研究，分析工程施工中会对周围环境造成的影响如何。在科学预测水工建设过程中，对周围的环境极易出现的问题，通过科学论证，找到相应的环境保护的对策，能够解决工程项目建设中对周围环境造成的影响。对于水工建设来说，生态环境都会因此受到影响，比如生物环境、大气环境、水文环境，尤其是水生态环境，在水质和水生物方面都有所影响。这种情况就需要在对比分析水工设计方案中，综合考虑这一环境影响因素，并且进行合理化的选择，动态控制各施工环节的资金成本，也为提高工程项目建设效益提供了有利的保障。

第二节 水库大坝设计

一、水库大坝设计要点分析

水库主要承担着农田灌溉和预防洪涝灾害的任务，通过水库工程建设，可以实现水资源的合理利用，但在当前水库建设过程中，存在较多的因素从而影响水库使用性能。因此在水库大坝设计之初即要重视抗震性和防渗性设计，以此来保证水库大坝运行的安全。

（一）水库大坝设计中存在的问题

在当前我国大多数水库大坝设计中都存在设计标准偏低的问题，同时一些中小型水库还存在边勘察边设计边施工的问题，这就导致工程安全隐患较多。由于水库大坝设计标准普遍偏低，当遇到超标准设计的洪水或是泄洪设施配备不足时，则会导致水漫过坝顶，严重时会导致溃坝事故发生。在水库大坝设计工作中，由于前期地质勘查工作不到位，水库大坝管涌、流土和脱坡等渗漏问题也时有发生，严重的渗漏破坏还会引发溃坝和冲决等险情，带来严重的危害。一些水库大坝设计时抗震设计标准偏低，水库大坝安全系数无法满足现行标准及规范要求，特别是部分水库建面地震灾害频发地区，一旦地震灾害发生，水库大坝地基中的砂土则会发生液化，给水库大坝带来严重的危害，情况严重时还会发生沉陷、变形及开裂等问题，对水库下游人民的生命安全带来严重的威胁。

另外，目前我国大部分水库大坝设计中还存在结构稳定性差的问题，主要是由于主要建筑物如溢洪道、输水洞等基础较差，加之结构设计不合理，因此，极易发生不均匀沉降，由此导致水库大坝结构失稳，影响水库的正常使用功能。

（二）大坝设计要点分析

为了确保水库大坝的安全，水库大坝设计要做到较好的可靠性。大坝设计作为水库大坝建设的基础和前提，需要以水文和地质等基础资料作为基础，因此，要做好前期勘察工作，确保勘测结果的准确性，同时勘测深度和范围也要与设计要求相符，查清库区地质环境和坝基地质问题。通过计算和分析来确定科学的设计方案，从而为水库大坝安全运行提供重要的保障。

1. 防洪设计

水库工程在防洪工作中发挥着非常重要的作用，因此在具体水库大坝设计时，要与现行规范要求相结合，同时还要以实际勘察的水文、地质资料作为重要依据，结合当地社会经济和自然条件，进而来选取合适的设计洪水标准。科学地制定度汛方案和应急措施，有效地实现对洪水的防范，避免发生洪水漫顶及溃坝事故，确保水库能够安全度汛，保证下游人民群众的生命和财产安全。

2. 抗震设计

对于一些砂土填筑修建的水库大坝，如果在该区域内突然发生地震，很容易引起砂土液化问题，从而给水库造成严重的破坏，为此，需要对水库大坝进行抗震设计。在抗震设计中，我们可以采取以下几种方法：置换法、抛石压重法和人工加密法等。置换法主要是指挖除液化区内的砂土，并在液化区内填筑具有较好抗液化性能的石渣；抛石压重法主要是指在砂土表面进行加压，以达到提高砂土应力的目的；人工加密法是采取振冲、强夯等措施，以提高砂土的密实度。除此之外，在抗震设计中土石坝的坝轴线采用直线或微向上游弯曲，避免转折，尽量选择抗震性能和抗渗稳定性较好且级配良好的土石材料筑坝；位于设计烈度为8度、9度地震区的土石坝，应适当加宽坝顶，并放缓坝坡。

3. 防渗设计

在水库大坝防渗设计工作中，主要以水平防渗和垂直防渗两种方式为主，在具体防渗设计中需要遵循上截下排的原则，即通过在上游迎水面对渗水进行阻截，在下游背水面设置排水和导渗，及时排出渗水。

上游截渗中还包括许多处理方法，坝体除均质土坝以外，以心墙体截渗为主，心墙主要为黏土心墙、沥青心墙及混凝土心墙等。坝基截渗以灌浆法应用最多，而坝基灌浆主要是根据坝基地质条件的不同，选用不同的灌浆方式。当坝基为岩石，且存在裂缝时，应采用固结灌浆处理；当坝基为岩石或砂砾石地基时若存在渗漏通道，应采用帷幕灌浆；当坝基为淤泥质土、粉质黏土地层以及粉土、砂土、砾石、卵（碎）石等松散透水地基或填筑体时，应采用高喷灌浆处理，根据喷射方法的不同，又分为旋喷、摆喷和定喷。

在下游排水导渗法设计过程中，主要以导渗沟法、贴皮排水法和排渗沟法为主。

4. 结构设计

在进行水库大坝结构设计时，最基本的要求就是确保结构的安全性、稳定性。因此，在设计时需要广泛收集和整理结构方面的相关资料，以确保工程设计的质量水平，提高水库大坝结构的安全性、稳定性，同时要避免"三边"工程的出现。

（1）确定坝顶高程和宽度，并设置坝顶排水设施；

（2）确定坝坡坡度，结合实际情况对水库大坝坡度进行确定，结合坝体的荷载来计算坝坡的稳定性，确保满足相关规范的要求；

（3）对水库大坝护坡，需采用安全可靠的护砌材料，防止库水因风浪淘刷坝坡，影响坝坡安全与稳定。

在大坝结构设计中，存在着因坝基及输水洞基础较差，压实度与承载力不满足规范等问题而引起的不均匀沉降现象。不均匀沉降导致坝体出现裂缝、坝顶路面开裂、输水洞涵管破裂损坏等，因此，我们在设计时必须对坝基及输水洞基础做好相应的处理措施。

5. 选择合适的金属结构设备

在水库大坝设计工作中，需要做好前期实地考察工作，通过掌握准确的水文地质资料，详细了解建设地址的自然状况，并选择与当地实际情况相适应的金属结构设备。要把控好设备的质量，在设备实际应用过程中要避免出现生锈及腐蚀等现象，以此来提高水库大坝建设的质量，更好地发挥出水库大坝的重要作用。

二、水库大坝防渗加固设计的分析

（一）水库大坝防渗加固的重要性

水库的功能是多种多样的，包括防洪、灌溉、发电、水运以及水产养殖等，能够有效带动区域经济的发展，为社会生产和人们的生活提供便利。不过从当前的发展来看，随着水库使用年限的增加，许多水库都出现了不同程度的老化现象，难以达到设计时提出的目标，水库的综合运用能力逐渐降低，甚至影响其使用安全。即使是一些新建的水库，由于资金投入问题、施工技术问题、管理维护问题等，同样存在着一些质量隐患，出现了渗漏、裂缝等险情，使得水库成为病险水库，影响其功能的有效发挥，同时也威胁着下游居民的生命财产安全。因此，做好水库大坝的防渗加固处理是非常重要的。

（二）水库大坝使用中存在的问题

1. 坝底渗漏

一般来讲，在对水库大坝进行施工前，需要首先做好相应的地质勘查工作，对施工现场的地基岩层进行深入研究和分析，判断设计方案的可行性。如果地基岩层不适合水坝施工，则在水坝的施工和使用过程中，可能会出现基底渗漏或者塌方的问题，影响水库大坝的安全。因此，在水库施工过程中，应该对基底进行有效处理，包括清理、平整、加固以及防灾处理。但是在实际施工过程中，部分施工单位为了赶进度，往往在没有彻底清除淤泥的情况下，就进行基底的施工，或者没有从实际情况出发对施工技术进行选择，水坝基底的施工质量较差，无法承受水库蓄水产生的压力，从而出现渗漏问题。

2. 坝体破坏

在水库大坝使用过程中，如果后期的维护管理不当，很容易出现坝体破坏的情况。一方面，在施工中，如果缺乏对于材料质量和施工质量的严格把握，则大坝自身的强度会低于设计要求强度，存在相应的质量隐患；另一方面，受水文、天气以及地理条件的影响，水库大坝在投入使用后，通常都会经历河水水位暴涨的情况，而一旦涨幅超过了完工检验的预期，就可能会导致坝体破裂。不仅如此，长时间的水流活动以及地质因素的影响也可能会导致水库大坝出现不堪重负的情况。

3.绕坝渗流

当水库蓄满水后，水流可能会绕过两端的岸坡，向下游渗流，这种渗流现象称为绕坝渗漏。在这样的情况下，大坝的浸润线会逐渐抬高，很容易导致坝体岸坡背面出现阴湿，严重时甚至可能会造成岸坡软化，引发滑坡等现象，影响整个大坝的安全和稳定。

（三）水库大坝防渗加固设计技术

1.水库大坝防渗技术

（1）水平防渗

水平防渗是指从水平方向上，对水库大坝进行处理，减少和消除渗漏问题。在水平防渗前，需要对大坝坝址以及地基地质进行全面细致地勘察，结合勘察结果，明确坝址以及地基中的土层岩层分布情况、平面结构以及地下水的流动特性，然后依据水库所处的自然环境、水库的尺寸等，对其进行最终评定，确定是否需要在水坝铺盖层中增加反滤层。在进行水平加固铺盖时，需要结合地质勘查数据，绘制相应的地质截面图，依照图纸，对渗透系数、地层颗粒数等进行明确。通常来讲，需要满足几个条件：

1）在下卧冲积层进行渗透坡降铺设时，应该保证渗透坡降小于水坝冲积层的渗透坡降，以保证地基渗透的稳定性；

2）在铺盖渗透坡降时，应该确保其小于铺盖土的允许坡降范围，保证铺盖土渗透的稳定性；

3）必须确保渗流量小于损失量，将渗流造成的损失降到最低。

（2）垂直防渗

通常来讲，混凝土防渗墙的确有着非常显著的优势，其中最主要的特征，就是适用性强，其能够应用于不同材料的水库大坝，同时也可以适应各种复杂的水文条件好的施工条件。在对水库坝基和坝体进行防渗处理时，可以在水坝顶部设置相应的防渗墙，一直延伸到坝体基岩位置，将防渗墙与大坝两岸的防渗设施连接在一起，同时确保防渗墙的底部嵌入稳定坚固的岩层中。如果只是针对坝基的防渗处理，应该确保防渗墙上部与坝体现有的防渗设施连接起来，之后深入到设计要求的深度。在防渗施工过程中，应该对整个大坝的质量进行控制，以真正实现防渗效果；在混凝土防渗墙施工中，应该重视混凝土防渗墙的连接位置，对连接位置进行加固处理，切实保证施工质量。

2.水库大坝加固技术

（1）增建防渗墙

这种技术主要是利用水泥或者混凝土构筑物，降低大坝浸润线出逸点，实现对于坝体的加固。混凝土加固是指在地面开槽施工，在地基中利用泥浆对槽壁进行加固，开凿成连锁桩孔或者槽形孔，然后使用防渗材料进行回填，形成地下连续墙；水泥加固是以水泥为固化剂，结合小直径深层搅拌设备，将水泥浆喷入土体，搅拌成水泥土，通过相应的物化反应，使得土体与固化剂凝结，形成具备高强度、整体性和稳定性的水泥土墙，实现加固大坝的效果。

（2）高压喷浆加固技术

与其他技术相比，高压喷浆技术具有良好的经济性，能够有效降低工程造价，同时还具有施工简单、工程量小等优点，不仅能够对水库大坝进行有效加固，还可以提高大坝的防渗能力，确保水库功能的有效发挥。在实际施工中，高压喷浆加固包括两个主要环节：

1）钻孔

多采用泥浆固壁回转钻孔技术，在钻孔过程中，需要进行充分的填堵，以保证孔内泥浆的正常循环。在钻孔过程中，应该做好现场跟踪管理，始终保证钻机垂直作业，保证钻孔质量。钻孔完成后，要进行相应的清孔操作，为后续施工提供便利。在清孔结束后，则应该下入喷射杆，对其进行调整，确保喷射杆能够直达孔底。

2）喷浆施工

应该按照施工要求，对水泥浆进行配置，避免出现过稀或者过浓的情况，以免影响加固效果。在喷浆过程中，应该对喷浆压力和喷浆速度进行有效控制，以浆液出现沸腾为最佳。同时，应该保证喷浆的连续性，没有特殊情况应避免出现断浆现象。

三、水库大坝坝基的处理设计

对于水库工程建设而言，坝基处理设计是十分重要的环节，牵扯到工程的整体质量，在实际工作中必须予以足够的重视。由于坝基地层、地质、水文等存在明显的差异，设计前期应做好勘察工作，掌握详细的资料，以此为日后的设计工作提供可靠依据。设计中应充分利用勘察资料，根据地质条件等因素制定针对性设计方案，明确清基深度与防渗结构等，并在实践中不断对设计方案进行优化，从而达到最大化提升工程质量的目的。现结合某水库工程实例，围绕大坝坝基处理，对设计要点进行深入探讨，具体内容如下：

（一）工程概况

本次研究将某水库工程作为研究对象，该工程主要包含主坝、副坝、引水闸、引水渠、放水闸、分水闸、防水渠与各类腐蚀设施。水库坝体选择土工膜斜墙防渗碾压土石坝，坝顶宽度为6.0m，坝体长约7.7km，上游坝坡相对较大，为1：2.5，下游为1：2；坝体的防渗措施选用复合膜结构，采用斜铺的方式，复合膜厚度为0.75mm，无纺布规格为200g/㎡；坝体护坡结构为现浇混凝土板，厚度为15~22m。坝基防渗为本次研究的重点问题之一。工程根据实际情况，采用三种防渗措施，分别为PE塑模防渗、塑性混凝土墙以及水泥搅拌桩。

（二）坝基清基设计

1. 主坝清基设计

清基为坝基处理的首要环节，清基深度的确定是设计的重点内容，设计质量与水平会对后续施工造成直接的影响。水库主坝第三系坝段泥岩出露，表层为砂岩和泥岩，风化强烈，存在较大孔隙率，与水接触后容易软化。若将其当作坝基，则很难进行压实处理，而且还容易产生软弱面，所以，设计决定对泥岩进行完全清除，开挖厚度为 1~2m。水库主坝第四系坝段表面为沉积物，下层存在泥岩与砂岩。该沉积物主要是冲洪积亚砂土夹亚黏土，其干容重相对较低，孔隙比最大可以达到 1.67，属于典型的高压缩性土体，且含盐量偏高。但此处坝段的地下水位却偏高，为清基工作带来了很大的不便。对此，设计决定清除地层以下 3m 所有土体，剩余部分作为坝基进行清基作业。

2. 副坝清基设计

西侧副坝由第三系台地组成，而表层主要为第四系砾石，厚度分布不均，大致为 0.5~2.0m。此外，部分坝段的泥岩出露较为明显，因此，清基设计深度为 1~2m，被砾石覆盖的地层清基 1m。东侧副坝位于第三系平台之上，表层与西侧副坝完全相同，但厚度相对较小，仅有 0.4m 左右，其下方全部为泥岩，故清基设计深度为 0.4m，将清基后出露的第三系平台作为副坝坝基。

（三）坝基防渗设计

1. 深度设计

通过对地质报告的分析可知，强风化岩层在全坝段的实际分布厚度大致为 4~8m。采取垂直防渗的方式对强风化岩层进行阻断，其防渗深度确定为 6m，若存在泥岩，且其厚度在 2m 以上，埋深不超过 6m 的情况下，可将此层作为防渗体基面。为确保坝基渗透的稳定性，防止渗漏的产生，设计决定将水平铺盖和垂直防渗连接成一体，根据对应的实际情况，对铺盖的长度进行控制。

2. 渗流计算

设计方案提出的渗流计算形式为：将垂直防渗换算成水平铺盖，其中包含水平铺盖，按照铺盖与坝体防渗的实际情况进行计算。计算的具体过程为：通过对垂直防渗的换算得出水平铺盖的实际长度，在完全等效的条件下，使用联合防渗方法对渗流进行计算。

（四）坝基防渗结构设计

1. 设计方案

0+000~0+800 坝段的防渗深度相对较小，以砂层防渗为主，防渗形式为塑膜。

0+800~2+436 坝段的防渗深度较大，为主要的防渗区域，设计选用的防渗形式为灌注防渗墙。

2+436~2+850坝段的防渗深度为10~11.5m，以深入首层泥岩为准，防渗形式为灌注防渗墙。防渗墙在砂层当中较易成槽，泥岩层的厚度不大，施工相对便利，而且还可以和西侧副坝的防渗结构连接成一体。

2+850~5+050坝段的防渗深度波动较大，为3.5~11.5m，平均深度为7.0m，由于开槽难度较小，故采用垂直防渗。对于含有泥岩的部分坝段，为保证防渗效果，需运用特定的手段进行开槽，以此提升垂直防渗结构的性能。

5+050~6+025坝段的防渗深度较大，最深处可达15.5m，且不存在泥岩，很难使用垂直防渗，若使用铺膜防渗，则难以控制质量。为此此坝段需采用防渗墙，实践表明，由于存在大面积砂岩，所以成墙质量有所保证。

6+025~7+100坝段防渗深度大多为6.0m，仅有少数坝段超过10m。此处坝段的防渗层当中几乎不存在泥岩，且地质条件良好，可运用垂直防渗。

2.方案优化

主要针对垂直防渗，且深度在6m左右，建议采用水平铺盖与垂直防渗相结合的方法。其中，垂直防渗方法为：在坝基表层开槽，铺设一定厚度的PE膜，完成后进行回填。膜的厚度约为0.5mm，在下游铺设，为提升槽面的平整度，避免损坏PE膜，需要在槽的外壁上预先摊铺无纺布，再铺设PE膜。水平铺盖方法为：对于第三系坝段，需整平地面，清理地面上的杂物和垃圾，对于第四系坝段，需对各种植物根系与覆盖物进行清理，清理后实施整平。地面检验合格后铺设一定厚度的复合膜，复合膜即为PE膜与无纺布的结合体，其连接和坝体的防渗体连接完全一致，并与垂直防渗等形成一个完整、密封的整体，铺设与连接完成后在其上方回填砂土以起到保护作用，但要注意回填的深度不宜过大，否则会对复合膜造成破坏，一般控制在1.5m即可。

四、水库大坝病害分析及整治设计

（一）坝坡抗滑稳定计算

在进行病险水库整治设计时，必须进行坝坡抗滑稳定计算，作为设计依据。

1.原坝坡的稳定复核对大坝的稳定性

除根据安全鉴定报告结论和现场察勘以及运行资料来判断外，还应进行稳定计算。其目的是：

（1）对安全鉴定结论进行复核；

（2）检验试验数据的合理性。

由于可能受时间、天气、经费等条件的影响，使所取土样与实际运行条件有差异，或土样偏少，无法完全反映土体的运行状况，这就需要利用计算对试验数据进行检验。

2. 整治后坝坡抗滑稳定计算计算工况

按《碾压式土石坝设计规范》（SL274-2001）的要求选择可能出现的情况。在初步计算时，只需计算对坝坡稳定最不利的情况。对于上游坝坡，在稳定渗流期，上游水位越高对坝坡稳定越有利，所以，一般只要库空（水位在1/3坝高处）或死水位时上游坝坡稳定，其他水位时上游坝坡就会稳定；在水位降落期，水位降幅越大，持续时间越短，坝坡越不稳定，计算中根据水库运行时可能出现的运行状况，先选择最危险的情况进计算；对于下游坝坡，只计算稳定渗流期的坝坡稳定情况，一般上游水位越高对下游坝坡稳定越不利，对开敞式溢洪道的大坝，由于在设计和校核洪水时，洪水历时很短，没有形成稳定渗流就降到正常水位，因此可以先计算上游正常水位时下游坝坡稳定性；对有闸溢洪道的大坝，可先计算最高洪水时的情况。

（二）病害原因

1. 坝基、坝肩的水文地质情况，基础的岩性、裂隙分布、吸水率，工程修建时的处理措施等；
2. 大坝修建时的填筑情况，是否存在不利填筑面；
3. 查清防渗体是否满足要求，有无排水棱体及排水棱体是否失效；
4. 查清白蚁分布情况；
5. 坝体断面尺寸是否满足规范要求。

当原资料缺失或无资料时，应补充土工实验和地质勘探，认真分析导致大坝出现病害的原因，然后才能"对症下药"，对大坝进行科学合理的设计。

（三）坝坡加固设计

1. 上游削坡减载与抛石压脚相结合，下游培厚加固设计

根据坝坡稳定计算结果，选择适当的抛石位置，增大阻滑力，并将上部坝坡削为稳定边坡。选择合理的抛石位置尤其重要，靠坝轴线不能超过原坝体最危险滑弧最底处所对应的位置，否则会增大滑动力，但也不能过于靠前，错过滑弧的出露点而起不到抗滑作用。

上游削坡后，坝轴线相应下移，根据规范确定坝顶宽度和高程是否满足要求，然后对坝顶、下游坝坡培厚加固，设计时根据料场情况，选择经济合理的填筑料和坝坡。一般情况下，下游坝坡较上游坝坡陡一些，坡度选择与填筑料密切相关，对于风化石渣料，初拟可选 1 : 2~1 : 2.5。同时下游坝脚设排水棱体，其顶部设便于施工和检查观测的马道，初拟后对上下游坝坡的最不利运行状况进行稳定计算，判断是否满足规范要求，不满足的需适当调整再进行计算，直到满足规范要求为止，使设计坝体既安全又经济。

2. 上下游坝坡的培厚加固设计对于有放空底洞的水库

在放干水后对灌溉等影响不大，这样可避免因上游削坡造成坝轴线下移而增加工程量。对于原大坝下游不存在稳定问题的坝体整治，这种方案也更经济合理，同时它可以和上游坝面的防渗设计相结合。

（四）大坝渗漏整治设计

1. 渗漏原因分析

大坝渗漏一般有以下几个方面的原因：

（1）坝基、坝肩存在渗漏裂隙、软弱夹层、风化破碎带等渗漏通道；

（2）坝体和坝基接触带之间渗漏；

（3）坝体渗漏或防渗体破坏，但下游排水棱体有效；

（4）坝体渗漏或防渗体破坏，下游排水棱体失效。

前三种渗漏情况，一般从大坝外观上看，坝脚有漏水存在，下游坝坡看不到明显的散浸点和水草特别茂盛的现象。

2. 防渗设计

（1）基、坝肩及接触带渗漏处理

对坝基、坝肩渗漏，一般采用沿坝轴线（均质坝）或防渗体底部位置及坝肩进行帷幕灌浆，其深度控制在相对不透水层（5~10LU）以下3~5m，灌入纯水泥浆或水泥砂浆。帷幕灌浆宜采用一排灌浆孔，孔距1.5~2.0m，基岩破碎带采用两排或多排。基岩与坝体接触带渗漏处理，可以在帷幕灌浆结束时，在接触带灌入水泥黏土浆，浆液由稀到浓逐渐改变，黏土含量可适当加大，同时注意控制灌浆压力，在接触带形成水泥黏土塞，使帷幕与坝身形成统一封闭的整体。坝肩帷幕顶部灌至水库正常蓄水位，两边延伸至水库正常蓄水位与相对不透水层在两岸的相交处，使坝基、坝体和坝肩形成一个完整封闭的防渗体系。

（2）坝体防渗设计

1）防渗墙

当坝体孔隙率较大，其他防渗方式不易满足防渗要求时，可沿坝轴线设一道混凝土防渗墙，底部深入基岩1~2m，并与基础帷幕灌浆连接，墙厚一般取60~80cm；

2）充填灌浆

3）上游坝面铺设复合土工膜防渗

它适合于各种原因引起的坝体渗漏，设计时必须注意：土工膜与上游坝脚（水下部分）防渗体的结合以及与坝基、大坝周围与岸坡接触处的连接，不能出现防渗"空档"。

第三节　基于水利设计标准的水库渠道设计

一、水利设计标准下水库渠道设计所遵守的原则

（一）实现灌溉效益最大化

无论是使用单位还是落实到个人，都应该保证有效灌溉的最大面积。

（二）水库渠道的设计

并不只是单一理念设计，更应该与当地实际情况链接，例如与防洪等连接，进而通过水库的建设有效地治理当地干旱与洪涝情况。

（三）渠道设计

要与预期目标紧密结合，例如当水库建设的目的便是为了农业灌溉时，便应有效掌握当地农业情况，进而根据了解的情况制定具体的设计方案，保证方案的选择最为合理。

（四）水库设计

更应该结合地区水利规划方案，水库的渠道设计以不破坏地区的生态平衡作为前提，进而通过对水资源的合理利用，使得整体效果以及利用效率得到有效提升。

（五）统筹安排一应设计

使得设计整体更加具体，进而保证开发效果以及科学利用。此类原则全部属于水利设计标准中的具体规定，通过将原则明确并且落实在设计中，可稳步提升设计效果，并且帮助水库设计更加规范。

二、水库渠道设计存在的问题

1. 水库渠道设计的不够规范

水库渠道在建设的时候一般都是由施工的企业进行承包，但是有些施工企业为了自己的利益，没有按照规范进行施工与设计，在设计的时候，没有按照相关的规定以及标准进行设计方案的实施，也没有作业设计的报告，并且没有进行现场的勘测，没有请相关的技术人员进行指导。这就导致水库设计没有按照规范进行，其作用不能够达到应有的标准，影响人们对于水资源的使用。水库渠道的作用是非常广泛的，不按照规范进行设计，就会导致很多效果与作用的流失，那么水资源的利用率就会减少。

2. 争水问题

小型水库的建设目的主要是为了解决工业用水问题，不过一旦水库建设位置不佳，进而上游存在淤泥堆积等影响水的流淌问题，势必会造成河流整体的流水量降低，进而使得其不能满足工业用水与农业灌溉的基本需求。一旦出现此类问题，水库原本的作用便不会发挥了，并且很容易造成农业用水与工业用水的争执，引发不和谐的情况，并且容易引发一定程度的混乱。

3. 传统材料的应用问题

很多时候，我国在开展水库建造时，仍然在采用传统的设计方法，尤其是针对水库建造的材料问题，很多时候仍然应用传统设计，虽然更大一部分的采用了当地材料，不过其缺点也同样显而易见。尤其是针对我国的大环境而言，随着国家每年不断地增大水利工程的投入，更是暴露了传统材料中存在的问题，包括容易受到地形的影响、材料的搬运问题以及其防渗漏效果并不理想等问题，其也代表了传统设计已经不适合现代的水库施工体系。

三、水利渠道设计的研究

（一）在进行水利渠道设计的时候要按照水库的设计标准进行

在进行设计的时候，要提高水资源的利用率，保证用水的个人和单位的效益的最大化。在进行水库渠道设计的时候要和灌溉防洪排涝等作用相结合，要因地制宜，有针对性地对于当地的自然天气进行设计，不同地区可能会有干旱或者洪涝的情况，要有针对性地进行解决。在进行水库渠道设计的时候要明确水库建成之后所要达到的目的，主要是农业灌溉的话，要对于灌溉的效益进行分析，如果是工业用水的话，要看是否能满足工业的需求。

（二）渠道截面设计标准

渠道截面设计标准主要包括渠道的具体容纳量设计，因此，在设计前，需要首先测算水库的具体流量，在我国的技术规范中，存在着具体的水量计算公式。例如，当计算农业灌溉用水量时，需首先明确依据引水量以及对应的有效灌溉面积，将此类数值作为基础，然后可以确定最大的流水量，并且包括对应的持续时间以及对应系数等，最后确定对应的流量计算，主要计算公式为：$S = XY$ 最大 $/86400HQ$。根据流量的测算结果，可以得出截面测算结果，可以有效测算出具体的渠面断面尺寸。在探讨渠道的具体截面形状选择时，更应该根据实际情况作出选择。在设计前，首先应该做好地形勘察工作，然后有效地测算水库渠道所承受的各种压力，通过压力的测算可以得出具体对应测算结果。

（三）在进行水库的施工的时候，要按照设计的要求进行

在选择施工单位的时候，要根据实际情况进行投标或者是承包，针对大型的水库还应该请第三方的监理单位进行监督。施工的单位应该按照水库的设计进行施工的组织管理，制定施工方案。如果施工的时候，需要对一些设计进行更改，应该和设计部门共同进行商讨，然后提出修改的方案再上交，经过审批之后才能够实施。在施工之前要做好准备工作，将材料准备好，进行定线放样。

（四）渠道管护标准

维护渠道，可有效保证其工作效果，提高其使用寿命。在水库渠道的正常使用过程中，很容易出现各类问题，例如水库渠道内生长杂草，以及堆积淤泥和各类杂物等，此类杂物很容易造成渠道的阻碍。对于此类缺陷，应进行及时修补，一旦出现汛期下降，便需要采取对应的检查行为，对检查中出现的对应问题采取修补措施。并且修补行为也存在对应修补标准，严格按照标准来修补渠道，使修补渠道断面以及高度和原本渠道一致，并且针对沟底以及沟壁采取清光处理。养护工作涉及水库的具体应用，应该得到相关单位重视，做好检查规划工作，定期开展检查与清理工作，使得水库渠道应用效果更好。

第四节　中小型水库的除险加固设计

一、小型水库除险加固设计需要考虑的因素

（一）地质因素

在小型水库除险加固设计的过程中，需要考虑的一项重要因素是地质因素。水库作为水利工程，对于地质因素的依赖性比较强，在水库加固的时候，同样需要重点关注水库的地质因素，举个简单的例子：某水库在修建的时候，周围地质因素比较良好，所以当初的各项工作进行都比较顺利。在经过了一次地震后，水库的使用风险明显增加，为了强化其安全，需要对其进行加固。在加固设计前对水库区域的地质进行分析发现，水库周边的岩体结构破坏程度较大，完整性不高，如果要达到加固的效果，需要首先对周边的岩土结构进行完整性的加强。如果在加固前不对岩体结构进行分析，那么加固措施的利用很可能因为结构的完整性原因而失效，因此，在加固前考虑地质因素十分必要。

（二）水文因素

在小型水库的加固过程中，需要进行考虑的第二个重要因素是水文因素。从实践分

析来看，流水的侵蚀作用会造成区域岩体结构的变化，而在透水性比较强、溶水性也比较强的岩体结构区域，如果忽视水文因素的影响，加固措施很可能在流水的作用下出现失效，所以，在加固措施利用前，需要对水文因素进行分析，就具体的分析来看，主要有两方面的内容：

1. 要分析水文的分布和活动情况

比如在巴州地区，河流的基本流向、流经的区域以及水流比较丰富的地段，这些资料要进行全面掌握。

2. 要对水流的变化规律进行分析

比如巴州地区的河流，变化量在什么时候比较大，巴州地区的土壤结构等在什么时段容易受到水文因素的影响。掌握了这些综合情况，除险加固设计当中的要素控制效果会更加。

（三）技术因素

技术因素在小型水库除险加固当中也是需要重点考虑的内容。比如在岩石的破碎性比较强的区域，要进行水库加固，首先需要利用灌浆法对区域岩体进行改善，从而保证其完整性和统一性。再比如在土壤工程性不强的区域，要对混凝土结构进行土壤工程性的提升，这样，加固措施的利用才会更有效果。

总而言之，在小型水库的具体除险加固设计当中，必须对技术因素进行全面地讨论和细致地分析，这样，技术利用的合理性会更强，达到的效果也会更好。

二、水利工程中小型水库的除险加固

（一）除险加固工程的设计思路

除险加固工程的设计思路主要包括：

1. 增强不同组成结构之间衔接紧密性，利用专业技术措施，加强不同结构质量，严格把控；

2. 设计过程中注重环境保护与水土流失的有效预防，最大限度地发挥小型水库在水利工程建设中的实际作用，增加水利工程的生态效益；

3. 设计中严格遵守行业技术规范，提高小型水库各参数的设计精度，完善设计跟踪服务机制，加强对设计中存在问题及安全隐患的有效处理，促使水库的防洪、灌溉、发电、城镇供水、旅游、养殖等综合效益能够达到预期的效果，为改善生态环境创造良好的条件。

（二）质量控制的原则

1. 要做好施工人员的管理工作

施工人员是整个工程项目的直接作用人，施工人员的技术水平和安全意识直接影响除险项目的顺利进行。因此，具体承担小型水库除险加固项目的建设单位必须严格管控施工制度。施工人员必须具有达标的工作技能，并且必须有相关专家对工程施工做合理规划和设计，并对施工人员做好技术培训和安全培训。

2. 施工设备

施工设备的安全性一定要严格把关，保证设备本身没有安全隐患，且配备合理。

3. 施工材料

施工材料的采购和选择必须由承建单位统一决定，在根据具体情况合理调整时必须保证所采购的材料的质量达标，并且严格地对所有需投入施工的材料进行质量检查和评估。

（三）明确分工和质量管理

在施工之前，要通过制定详细具体的施工计划有效地掌控施工进度和每一个进程中的施工质量。施工人员在上岗之前必须由专业人员进行岗前培训，保证施工人员的技能水平达到要求。结合目标水库的具体情况，制定与之相适应的详细的施工方案计划，并且同时制定出相关的施工质量标准。

在施工过程中，可以安排专业人员对施工过程中遇见的具体工程问题、质量问题以及施工环境问题进行严格的监督检查，对于可能存在的安全隐患和质量问题尽量做到及时发现及时解决。同时，在施工过程中也要根据具体施工进程和所遇见的实际问题及时地调整施工方案，最大限度地做到"因地制宜"的除险加固。

总而言之，小型水库的加固除险工程，虽然困难且繁重，但其除险加固的意义也同样重大。小型水库的安全性问题直接影响当地人民的生命财产安全，这要求我们必须严肃认真地对待。小型水库除险加固工程的顺利进行需要当地政府、承建单位的高度重视、相互配合、相互监督，严格监督每一个环节的质量问题。

第五节　水库除险加固中水闸设计分析

随着我国经济和科技发展速度越来越快，为了满足人民和社会发展的需求，我国建设了大量水利工程。在水利工程中，水库是非常重要的一个水利设施，其若是出现问题，对社会造成的影响也很大。而水库管理主要是通过水闸控制的，而水闸是有一定的使用年限的，其使用时间较长也会出现较多的危险问题，因此必须对水闸进行除险加固工作，以提高水库的安全能力。若想降低水闸发生危险事故的概率，必须在加固水闸前，对其进行合理的分析和设计。

一、水闸除险加固设计要点分析

水闸在水利工程中有着非常重要的作用，其一旦出现事故，对下游群众造成的影响非常大，不但对群众的财产造成一定的损失，其对群众的生命也有一定的危害，因此，对水闸进行除险加固是至关重要的。水闸除险设计是水闸加固工程中最关键的环节，水闸设计得是否合理，对水闸加固工程的影响也很大，因此应当在水闸加固前，对水闸存在的危险问题进行合理的分析，在分析以后再进行相关的设计，以保证水闸除险加固工程方案的合理性。对水闸进行加固设计时，一定要严格按照国家规定的标准进行设计，其设计要考虑到过水能力、洪水负荷、抗震负荷等方面，并对水闸危险性较大的地方，重点地进行加固处理，使得能提高水闸的安全性，实现加固除险的最终目的。

二、水库除险加固中水闸设计

（一）水力设计

对水力进行设计主要包含过流能力验算、闸门控制运行方式和消能防冲设计等方面。在对水库水力进行加固除险设计时，应当根据水库的水位和规模情况，进行水闸过留能力检查，在进行全面检查后，需再次进行一次复核，以确定水闸的过流能力为正常情况。若是使用加厚底板来进行加固除险，水流的流态很容易发生变化，对于此种情况，需要对水闸的过流能力进行一次复核。闸门的控制运行方式是对水库水闸起到一个管理作用，因此，对水闸进行过流能力复核是十分必要的。在对消能防冲进行计算时，需要对水位的变化进行相关的查看，以在复核时查看是否满足设计的要求。

（二）防渗排水设计

水库水闸的防渗排水设计主要是通过水闸安装地方地质条件的情况，以及水库上下游水位的条件情况，进行相关的设计计算的。其主要包含：水库水闸地下范围相关布置、安排防渗和排水等设施的尺寸形式、渗水流量压力、滤层方面的设计等。因此，对水库水闸防渗排水进行设计时，需要仔细查看水闸存在的危险问题，并对水闸防渗排水设施的尺寸和布置范围，进行全面地设计计算。在进行防渗设计时，也需要注意水闸水位的变化，且对水闸的地质参数也需要进行相关的复核。

（三）地基处理设计及设计

一般水库的水闸地基都在混凝土底板下，但由于混凝土底板之间的钢筋间距不大，其的厚度也是在 0.8m 以上，使得在对水闸地基进行防险加固处理时，有较多的困难之处。当水闸地基出现不规则下降时，需要根据其地质资料，复核出其地基承载力，以制定加固防险方案。

三、水库除险加固中水闸质量分析

（一）底板混凝土配料的控制

为了使计量保持一定的准确性，在对水库水闸进行除险加固混凝土过程中，需要对其进行一定的保养工作。对底板混凝土配料的配比，都需要按照规定的比例进行搅拌，且比例需要在规定的偏差范围内。使用到的煤灰、水、砂石基本都是采用自动系统计量的，但在实际除险加固工程中，都是按照规定的配料单进行混合的。在使用混凝土配料中，需要按照流程的先后把煤灰、水泥、碎石等必备配料，进行搅拌混合。从混凝土材料开始搅拌后，混凝土等原料在搅拌机里面的搅拌时间，不能低于常规的 3min。

（二）水闸底板混凝土的分析

一般来说，混凝土底板结构是可以存在一定的裂缝的，且对这裂缝的宽度都是有相关的规定的。每个国家对混凝土底板裂缝宽度的规定不同，我国的混凝土底板裂缝规定，其宽度在 3mm 以下都是允许的。如果在水闸底板混凝土中，给予其一个相关的变形机会，其产生的压力会变得较低，甚至不会产生相关的压力，若压力减小或不存在，底板的裂缝也不会出现了。目前的水闸底板混凝土工程中，还是难以减免这种裂缝，对此应当改进混凝土施工方法，将裂缝降到最低。

（三）水闸底板外部环境的控制

在底板水泥的水化过程中，水泥前三天散出的热量是水泥总热量的一半，在对水库水闸的大面积混凝土底板施工过程中，为了使混凝土表温差可受控制，基本施工人员都是采用表面粗盖的方式，来提高混凝土表面的温度。若混凝土底板较厚时，混凝土的强度和温度都会随之更高，此时已不能采用表面覆盖的方式提高温度，且混凝土里外的温度也不能控制在设计范围内。对于此种情况，很多水闸底板施工方都是采用"预埋冷却管"方式控制温度的，这种方式主要是通过水的循环来降低温度的。

第六节　水利水电工程中的水库溢洪道设计

溢洪道是水库等水利建筑物的防洪设备，多筑在水坝的一侧，像一个大槽，当水库里水位超过安全限度时，水就从溢洪道向下游流出，防止水坝被毁坏。溢洪道的设计和布置合理与否，不仅直接影响水库的安全；而且关系到整个工程造价。土石坝一般中小型溢洪道，约占水库枢纽工程造价的 25%~30% 及劳动力的 25%，故溢洪道合理的布局和选型，在水库工程设计中是一个比较重要的环节。本节就溢洪道的设计做了简单的阐释，并对需要注意的问题做了探讨。

一、溢洪道工程的规划布局

溢洪道的规划布局要尽量根据现有的地形地貌合理利用，要保证安全，又要经济合理。如果大坝附近有天然的山坳，则在这里布置溢洪道是最为理想的，如果主坝口比较狭窄而无法布置正堰的，则应考虑选择侧槽式溢洪道。溢洪道规划布局的主要原则是：基础坚实如一、出口远离主坝、没有弯道、线路短，这样的工程严禁布置在像滑坡或崩塌体地诸如此类的地质条件上。溢洪道的主要部分通常由五个组成：引流段（近口段）、泄流段（陡坡、急流段）、控制段（堰流段）、侧槽段和消能工。

（一）引流段（近口段）

引流段进口形状最好做成喇叭口是为了引流平顺。为了减小损失长度，引流段也不能过长。如果因为地形的限制要在这段内布置弯道时，除了应使弯道尽量平缓外，还需要使弯曲段与下游的衔接段和出口段远离坝脚，避免长期冲刷坝脚。引流段一般选用矩形或梯形截面，在流速小于 $1\sim2m\diagup s$ 时可以不砌护，但是与坝端紧接和邻近建筑物的区间内要砌护一定长度，同时在弯曲段的两侧凹岸也应砌护，如果为基础为坚硬的岩基则不需要砌护。

（二）泄流段（陡坡、急流段）

泄流段平面都采用直线布置，并要尽量避免弯道和布置扭坡顺引流态的急骤变化甚至因此产生负压的情况发生。纵断面的设计应因地制宜，要根据地形地质条件而选用缓坡、陡坡或者多级跃水等各种形式，如果采用陡坡应在陡坡段采用均一比降，因为泄流段流速非常大，因此，应设置在岩基上，如果不是岩基则这段砌护厚度要按允许的流速和地质条件来进行设计。

一般地，厚度要求浆砌石、粒、钢筋砼分别是 0.5~1.0m、0.2~0.5m、0.15~0.3m（对于砼与钢筋砼基部另设 0.3~05m 厚的浆砌石底砌护），其坡度要求一般以小于 1/2.5 为好，而布置在岩基上的泄水道，则不需要砌护。如果为松软风化的岩石仍须用 0.3~0.5m 的浆砌石或者 0.2m 厚的砼作砌护，同时另设锚固筋；如果需大面积砼衬砌就要根据地质条件，结合温度的变化来布置伸缩缝和沉陷缝，在两侧边坡可仅设横缝，而在底部需要设纵横缝，一般间隔距离为 8~12m，在衬砌底部另铺设排水的反滤料，由于高速水流有掺气的特点，边坡的砌护高度还应适当提高。

（三）控制段（堰流段）

根据泄流需要与地形条件必需布置宽顶堰或断面堰，堰宽度可按允许单位宽流量选定，岩基、非岩基和土基上单位宽流量分别为 40~70m³/s、20~40m³/s、20mm³/s。除在近口段设有引流段外，还应使堰顶宽度小于 3n（n 为堰上水头，单位 m）。为使水流平稳，堰口与其上游引流段可采用渐变段连接，其收缩角一般为 12° 左右。若堰体较宽需要在横向设置温度缝和沉陷缝，其布设间距可按 10~15m 布设。

（四）侧槽段（指侧堰深槽式溢洪道）

该段布置应垂直于来水流向，其长度可根据等高线向上游延伸，水流特点是侧向进流，纵向泄流。侧堰与深槽连接的渐变过渡段，其收缩角应控制在 12° 左右，其长度一般为槽内水深的 3~5 倍，其主要作用是避免槽内波动和横向旋滚的水流直接进入陡坡段。

（五）消能工

在泄水段末端需设置消能工，其具体选择型式可根据地形、地质和水力条件的要求而定。溢洪道末端的消能设施主要有底流消能、面流消能和挑流消能。对消能存在的问题，土石坝大部分采用修建消力池消能的方式处理，消力池底板厚度应满足抗浮稳定要求。若采用多级跃水或溢洪道末端的跃流段应使其泄流方向远离坝脚 100~150m。如泄流量不大，亦可考虑消力槛形式；如为远驱式水跃，由于极易造成冲刷，此时可考虑采用差动式消力槛形式；在岩基上，如溢洪道尾端有较陡边坎时，采用挑射消能较为有利（但需考虑高空扩散气流及下游冲刷对周围影响），由于这种形式可省去消力池、护坦与海漫等工程，由于其工程量小、造价低，因而常被采用。根据工程实践鼻坎形式以矩形差动式最好，但鼻坎以上陡坡最好做成矩形断面，千万不可作成梯形断面以免需用扭坡与鼻坎衔接。

二、各区段的水利计算

为使水力计算与工程特性相一致，正确选用计算公式十分重要。

（一）引流段的水力计算

可采取自下游控制断面向上游反推求水面曲线的方法进行（如查尔诺门斯基方法），引流段进口处端须先计算水位壅高，才能求得泄洪时的正确库水位。

（二）泄流段陡槽水力计算

推求陡槽段水面曲线的方法较多，如陡槽底宽固定不变时，可采用 B Ⅱ 型降水曲线或用查尔诺门斯基方法计算；对底宽渐变的陡槽段则可用查氏方法分段详算。

（三）控制段的汇流计算

可根据"溢流堰水力计算设计规范"建议的方法计算，同时正确选用流量系数时并使其与选用的堰型相一致。

（四）侧槽段的水力计算

过去采用的"扎马林法"由于计算时采用了均匀流假定，而实际水流状态是沿程变量流，故不符合适用于均匀流的谢才公式，因而与实际泄流情况有较大出入。由于侧槽式溢洪道在侧向进流时，水流的冲击、掺气和槽内水流波动很大，流态十分复杂，故精确计算十分困难，因此，对于重要的大中型水库其侧槽式溢洪道设计需依据水工模型试验来确定其相应尺寸。

（五）消能设施的水力计算

采取底流式消能可以采用巴什基洛娃图表计算。由于巴氏对各种消能设备的计算方法与步骤均较明确、详细，计算省时又能保证精度。但是我们在选定消能设施的尺寸时应该留有余地，对于一些重要的中型水库，其水力计算成果还应通过模型试验加以验证。至于挑射消能计算，目前还未找到一种比较成熟适用的计算方法。

三、结构计算

为保证建筑物安全稳定的结构计算是不可缺少的，除一些护坡及挡土墙的稳定可按一般方法计算外，必须进行陡坡面砌护厚度与消力池底板的稳定分析，而对挑射消能则应进行鼻坎的稳定与基础应力计算。

1. 陡坡的护砌厚度应满足滑动安全

设置伸缩缝沉陷缝以后，坡面砌护类似大面积薄板，故对基础应力以及倾覆稳定一般可不须计算，其主要控制条件是滑动稳定，作用在护面上的滑动力主要有水流拖泄力、砌体自重顺坡方向的分力及护面凸体（如伸缩缝）产生的阻力；抗滑力则包括砌体自重垂直坡面的分力和水流静压力（需扣除高速水流的脉动压力）、护面上的上举力和渗透压力，其抗滑安全系数应大于等于 1.3~1.5 就视为安全。

2. 消力池底板厚度应满足抗浮稳定要求

由于底板四周边界的约束作用，一般没有滑动问题，因此仅需对其抗浮要求进行稳定计算。作用在底板上的上浮力包括渗透压力、脉动压力、底板上凸出体产生的上举力，以及下游消力池水深与水跃段内压力差。抗浮力包括底板的浮重和底板上的水重，其抗浮安全系数大于 1.3~1.5 就视为安全。

3. 挑流鼻坎的尺寸应满足滑动稳定、倾覆稳定和允许的基础应力

作用于鼻坎上的向下的垂直力包括鼻坎自重、鼻坎上的水重、挑流曲面离心力的垂直分力；向上的垂直力包括脉动力、渗透压力、鼻坎下游尾部形成的上浮力，以及鼻坎上凸出体产生的上举力。作用于鼻坎的水平推力包括水流的拖泄力、挑流时其鼻坝曲面离心力的水平分力，以及鼻坎上凸出体产生的水平分力。按一般力学方法计算鼻坎的滑

动与倾覆稳定时其要求抗滑安全系数大于 1.3~1.5. 抗倾安全系数大于 1.5，同时计算上述各力的合力。为避免发生不均匀沉降，其作用点应位于基础面中三分点之内，且基础最大与最小应力比值小于 3~5。

第六章 河道工程设计

第一节 概述

一、研究意义

水利工程在防洪、灌溉、供水、发电、航运和旅游等诸多方面对于保障社会安全、促进经济社会可持续发展发挥着巨大的作用。但是一方面，水坝、堤防、电站、河道整治工程及跨流域调水工程等各类水利工程，以及纯水利工程指导下的河道治理已经对河流、湖泊等生态系统造成了巨大的胁迫效应；另一方面，各类水利工程设施的建设、河道的裁弯取直、景观的破坏、滨水游憩空间的减少都影响城市河道的生态系统、滨水空间活力等，并且存在着大量的不顾景观及生态的水利工程建设而引起的诸多城市问题。

所以，面对这个复杂的问题，寻求水利工程建设与生态、景观建设之间的平衡点尤为重要，对于河道的规划设计也必须寻求多学科的交叉研究，承认水利工程为经济、社会所带来的巨大利益的基础上，河道的整治必须统筹水利工程与河道生态及景观建设，这样，不仅对于解决由于不科学的水利工程建设而引起的大量的城市问题具有重要的意义，而且对城市的生态建设、休闲游憩建设、城市品位的提升以及可持续发展都将有重要的意义。

（一）河道与城市生态建设

1. 生态城市建设的趋势

近些年，生态观念早已深入人心，并且在很多领域已经提倡生态性原则，特别是在城市建设领域中。自 20 世纪 80 年代，生态城市理论发展已经从最初的在城市中运用生态学原理，发展到城市自然生态观、城市经济生态观、城市社会生态观和复合生态观等综合城市生态理论，并从生态学角度提出了解决城市弊病的一系列对策。

国内外诸多城市已经开始实施生态城市计划。如，上海市于 20 世纪 90 年代初提出建设生态城市的目标，上海市的规划界对生态城市进行了一些研究，如王祥荣和张静等对以上进行了探讨。2000 年前后，上海市兴起了城市绿地和城市河道整治建设的高潮，新一代的上海市生态城市研究又开始进行，并且付诸实施。

2. 河道生态系统建立的意义

城市河道及滨河地带不仅是城市文明的发源地，为城市提供大量的饮用水、工业用水及灌溉用水，同时也是大量鱼类、鸟类、小型哺乳动物、两栖类动物、无脊椎动物、水生植物以及微生物的栖息生存环境和迁徙廊道。城市滨河生态系统不同于城市内部核心区的人工生态系统，又不同于城市外围流域的自然生态系统，它在城市中具有独特的魅力。所以，城市河道生态建设与整治在生态城市建设中具有重要的地位和作用。生态环境恢复和河道生态系统修复建设在人类生存发展和经济社会可持续发展中具有非常重要的意义。人类是影响河道生态系统的主要因素，人类从生态系统中获取资源维系自身发展，一旦超过了生态系统的承载能力，将破坏系统的平衡发展。生态系统一旦遭到破坏，将无法提供人类所需资源，从而限制人类的生存和发展。河道水系是环境中维持和调节生态平衡的一个重要部分。河道水系、驳岸、植被、绿化是城市区域环境改善的主要阵地，有一些河流则成为城市空气对流的绿色通道，因此，合理的河道生态景观的规划和建设对河道在保护城市生态环境和缓解城市热岛效应等方面起着举足轻重的作用。

（二）河道与城市休闲游憩建设

现代社会的快节奏，给人们带来许多压力，而现代生活质量的提高给缓解工作压力提供了许多渠道。回归自然，领略自然风光是居住在城市中的人群所向往的。但城市建设使城市中的休闲空间不断减少，滨水空间是一个城市最具魅力和吸引力的地方，因此，城市河道景观休憩功能的开发建设，并结合河岸进行城市滨水休闲绿地的建设，对于满足城市市民休闲、游憩及精神需求，增加城市吸引力，带动旅游，促进招商引资具有重要的意义。

（三）河道与城市景观品位的提升

河道改造是城市的基础设施建设，往往投资兴建以及方案决策都是政府行为。对滨水区及河道周边土地的开发建设早已超越了满足人类生存需求的层次，多数城市开发的目的是促进、拉动整个城市的经济发展以及提升整个城市的景观品位。良好的滨水区生态及景观环境能够吸引众多房地产开发商的兴趣，使他们不惜重金参与改造建设位于他们用地边上的城市河道，同时，带动周边土地的开发建设，为城市的经济发展注入新的活力，成为城市经济发展新的增长点。

二、生态水工学与生态河道之间的关系

本着实践应用，构造水利工程实践中"工程—水"生态系统的多样性及人与自然和谐的原则，生态水利工程学和生态河道理论在我国的各类水利工程设计实践项目中都得

到了一定的发展，但研究者们在研究的同时，往往忽略二者的关系，造成二者交错引用，有些实践工程既被归纳到生态水利工程的发展中，也称之为生态河道实践工程，最典型的是莱茵河保护国际委员（ICPR）于 1987 年提出了莱茵河行动计划之一的"鲤鱼—2000 计划"项目。

虽然二者的出发点不同，但目标却基本相同，均旨在建立水工设施与生态系统之间协调发展，达到人水和谐的理想环境。但从实质上来讲，河道治理工程隶属于水利工程的范畴，因此，生态河道理论从属于生态水利工程学，为生态水利工程学的分支。在相关研究中，就有学者把河道治理看作是生态水利工程学的实践和探索列出。但由于其在实践中的重要性和发展的独立性，导致认识中，绝大多数人认为生态河道理论和生态水利工程是两个不同的领域，或者是把二者交错混乱使用，误认为二者各方面结构系统相等，这都是错误的认识，其实质却是整体与部分的关系。

在研究以下问题之前，必须明确指出这个我们忽视了的很小的问题，以使研究者更明确地认识生态水利工程的理论框架，以及与生态河道之间的关系，在以后的应用中得以明确目标，选择相应的理论作为支持。在此，当我们在设计和实施一项河道治理工程的时候，我们应选择生态河道知识体系，在研究其他的水利工程的时候，可以选择生态水利工程学为理论基础。因为生态水利工程学研究面比较宏观和广泛，理论性强而实践少，因此，不能面面俱到，而生态河道却单独针对河道治理这一问题产生而独立发展，它从属于生态水利工程学，也得到很大发展，并有很多工程实践作为基础，对于河道治理工程，有更好的针对性和适应性。

二、我国河道规划设计存在的问题

（一）城市河道规划蓝线、绿线相关规划指标问题

1. 蓝线问题

为保证城市防洪、排涝及涵养水体的功能，城市规划中，一般会对河道有严格的蓝线、绿线规划。河道蓝线是指河道工程的保护范围控制线，河道蓝线范围包括河道水域、沙洲、滩地、堤防、岸线以及河道外侧因河道拓宽、整治、生态景观、绿化等目的而规划预留的河道控制保护范围。

作为城市总体规划的一个主要内容，河道蓝线是城市规划的控制要素之一，它是城市"规划"在平面、立面及相关附属工程上的直接体现。平面上主要表现为河道中心线、两侧河口线及两侧陆域控制线；立面上主要以河道规划断面为控制；附属工程是河道建设、日常管理及保护中不可缺少的内容，在河道蓝线划示中必须明确。

总规中对蓝线的划定主要是根据流域防洪规划、城市总体规划、城市防洪排涝规划，考虑河道沿线已建、在建及已规划的建筑并结合其他专业规划进行划定。其中不足之

处有:

（1）缺乏对河道综合整治重要技术指标进行研究，一味依据河道的防洪排涝进行蓝线的划定;

（2）对河道的基础研究不够、预测手段不足，规划的依据往往是过去的不完整的资料，使得规划本身的合理性就缺乏保证，难以摆脱"头疼医头、脚疼医脚"的窘境;

（3）对整个河流流域的蓝线的平面没有清晰的规划，如河道中线的走向、河道线形等。

蓝线的划定很少从生态和景观的角度去考虑，所以城市中现大量存在着为了泄洪，保证过水断面，裁弯取直、挖深河床的河道，导致河道生态功能衰退。所以也就带来了大量的生态化改造城市河道的实践，兴起了退地还河，恢复河道滨水地带，逐渐拆除视觉生硬、呆板的渠道硬护岸，尽量恢复河道的天然形态。

2.绿线问题

所谓城市绿线是指城市中各类绿地范围的控制线。从这个意义上讲，城市绿线应涵盖城市所有绿地类型，在划定的过程中具体应包括城市总体规划、分区规划、控制性详规和修建性详规所确定的城市绿地范围的控制线。绿线还可以分为现状绿线和规划绿线。对现状绿线来说，它是一个保护线，绿线范围内不得进行非绿化建设;对规划绿线来说，它是一个控制线，绿线范围内将按照规划进行绿化建设或改造。

河道绿线指河道蓝线两侧的绿化带。一般蓝线、绿线内用地不得改作他用，有关部门不得违反规定在绿线范围内进行建设。对于绿线的规划，必须具有很强的可操作性，易于落实绿地建设指标和满足绿地建设各种要求。对于河道绿线的规划，存在着以下问题:

（1）现存的河道绿线的划定，往往是规划中较为简单的，没有系统的、从城市整体规划着眼，针对河道做统筹的绿线划定;

（2）河道绿线的划定很少有在大量的现场勘察与调查研究、分析评价基础上建立的，并且与河道蓝线的划定相脱节;

（3）不重视河道绿地指标在时间和空间上的统一控制，也就是建立具有时序性的、分地块的、可操作性的绿地指标体系。这样，绿线就不能发挥应有的作用;

（4）缺乏部门统一协调组织规划，国土资源、勘测、园林、环保、交通等各个部门很难全面落实绿线划定工作，社会各界的重视程度、人员资金的投入比例等因素也对绿线划定工作构成影响。

（二）城市防洪排涝与河道景观、生态建设的矛盾性问题

由于城市化建设，城市中的河道不断被占用，砌起了高高的防洪堤，在保证城市抵御洪水，缓解城区防洪压力的同时，也使得防洪排涝与城市的生态及景观建设的矛盾尤

为突出，如防洪需拓宽河道，造成了防洪与城市其他用地的矛盾，填筑防洪堤与视觉景观的矛盾，修筑河道护岸与自然景观美的矛盾等。为了充分发挥城市内河道的双重功能，城市防洪工程建设必须与相关的景观设计、用地规划紧密结合，统一规划。

在城市防洪规划中，最常见的工程措施是将河道拓宽，清淤整治，裁弯取直，修筑堤防。这些工程措施能够有效地减少河道糙率，增加了河道泄洪能力，减少水流对凹岸的冲刷，降低堤防长度，从而达到抵御洪水的目的。从防洪角度看，综合采取以上措施，可以达到减少防洪工程占地，减少工程投资等目的。

然而，从生态角度看，以上措施会破坏鱼类产卵场、阻隔洄游通道；对植被造成严重破坏，导致水土流失；破坏水生物的生态栖息地，影响流域的生态系统；给原本不稳定的地质情况和脆弱的生态环境带来更多不稳定的因素。从景观方面看，会影响城市水景观的建设及无法满足市民休闲、游憩、亲水的需求，由此损害河道的景观价值，及对周边土地价值的提升。

（三）城市土地利用与河道景观、生态建设的矛盾性问题

由于城市人口的密集、城镇弥补、土地利用率高，河道被约束在很小的范围内，如果大范围调整或改变河流的地貌特征，对处于城市中的河流几乎是不现实的。当前对河道的改造也只局限在现有河道线形的基础上，两岸相应拓宽一定距离，并结合绿地进行景观、生态改造和建设。然而，往往河道两侧是城市其他的用地性质，如：道路、工厂、相关企事业单位、滨水住区、商业贸易区等，它们很少会与河道进行系统性的协调统一建设，彼此之间往往相互规避，或争抢土地。

第二节　河道规划设计研究进展

一、外河道规划设计研究进展

（一）城市河道生态修复意识的萌发和唤醒

在对河流生态治理的研究方面，国外进行得较早。欧洲在一批河流生态治理工程获得成功，形成一些河流治理生态工程理论和技术。河流生态工程是从欧洲对山区型溪流生态治理开始的。由于经济的发展，引发了山洪、泥石流的产生等一系列问题。为了避免灾害发生，兴建了大规模的河流整治工程，对山洪和山地灾害有所遏制。但是随着水利工程的兴建，伴随着出现了许多负面效应。这些负面效应愈显突出，主要是传统水利工程兴建后，生物的种类和数量都明显下降，生物多样性降低，人居环境质量有所恶化。

工程师开始反思，认为传统的设计方法主要侧重考虑利用水土资源，防止自然灾害，但是忽视了工程与河流生态系统和谐的问题，忽视了河流本身具备的自净功能，也忽视了河流是多种动植物的栖息地，是大量生物的物种库这些重要事实。由此，西方展开了近一个世纪的河道生态整治工程。

1938 年德国 Seifert 首先提出"亲河川整治"概念。他指出工程设施首先要具备河流传统治理的各种功能，比如防洪、供水、水土保持等，同时还应该达到接近自然的目的。亲河川工程既经济又可保持自然景观。使人类从工程技术进步到工程艺术、从实用价值进步到美学价值。他特别强调河溪治理工程中美学的成分。这是学术界第一次提出河道生态治理方面的有关理论。

（二）自然型河道阶段（20 世纪 50 年代末—80 年代末期）

20 世纪 50 年代的德国"近自然河道治理工程"理论提出了河道整治要符合植物化和生命化原理。Schlueter 认为近自然治理（Near nature Control）的首先目标是在满足人类对河流利用要求的同时维护或创造河流的生态多样性。阿尔卑斯山区相关国家，诸如瑞士、德国、奥地利等国，在河川治理的生态工程建设方面，积累了丰富经验。这些国家在河川治理方面注重发挥河流生态系统的整体功能，注重河流在三维空间内植物分布、动物迁徙和生态过程中相互制约与相互影响的作用，注重河流作为基因库和生态景观的作用。

直到 20 世纪 60 年代，一系列国际研究计划开始实施，极大地促进了现代生态学的发展。在这个阶段，人们提出河道治理要接近自然，逐渐意识到了蛇形天然河道的直线化或渠道化，河岸或河床的混凝土化改变了水体流动的多样性，隔断了水生和陆地两大类生态系统之间的相互联系，造成水生生物锐减，河道生态系统退化的严重后果。

H.T.Odum 于 1962 年提出将自我设计的生态学概念用于工程中，首次提出生态工程的概念，并将生态工程定义为"人运用少量辅助能而对那种以自然能为主的系统进行的环境控制"。注重水环境的自然规律，注重对水环境自然生态和自然环境的恢复和保护。例如德国，从 20 世纪 70 年代中期开始，逐步在全国范围内拆除被渠道化了的河道，将河流恢复到接近自然的状况，这一创举被称为"重自然化"。

20 世纪 80 年代初期，河流保护重点转向河流生态系统的恢复，突出案例有德国、瑞士、奥地利等国开展的"近自然河流治理"工程及英国的戈尔河生态恢复科学示范工程。20 世纪 80 年代开始的莱茵河治理，又为河流的生态工程技术提供了新的经验。

莱茵河全长 1320km²，流域内有 9 个国家，干流流经瑞士、德国、法国、卢森堡和荷兰。莱茵河流域面积为 20 万 km²，至少 2000 万人口以莱茵河作为直接水源。在德国，莱茵河不仅是饮用水源，还作为航运、发电、灌溉和工业用水，被德国人视为"父亲河"。20 世纪 50、60 年代开始莱茵河水质遭受污染，每天约有 5000~6000 万 t 的工业和生活污水排入莱茵河。1972 年污染最为严重，莱法州的梅茵兹市河段水中 COD 质量浓度达到 30~130mg/L，BOD 质量浓度达到 5~15mg/L，DO 质量浓度接近于零，几乎完全丧失自净能力。莱茵河失去了昔日的风采，留下了"欧洲下水道"的恶名。

为了改善莱茵河的水质，使莱茵河重现生机，莱茵河流域国家做了一系列努力。德国境内莱茵河沿岸，兴建了污水处理净化设施，特别是在鲁尔河段建设了许多水利工程与污水处理厂，并采用向河中充氧的措施，以进行水污染的治理和预防。20 世纪 60 年代以来，德国在莱茵河沿岸城市和工矿企业陆续修建了 100 多个污水处理厂，排入莱茵河的工业废水和生活污水的 60% 以上得到处理，每个支流人口也都建有污水厂，各工矿企业也都设有预处理装置。此外，德国政府还成立了一个"黄金舰队"，负责处理压舱水等含油污水。在污染较为明显的河段采取人工充氧的措施，直接向水中充氧，增加水中的 DO；对水量较小、河水温度较高且含有大量污水的河段，则在水中安装增氧机，以提高水中的含氧量。

1950 年，荷兰、德国、法国、瑞士和卢森堡在巴塞尔建立了"保护莱茵河国际委员会（International Commission for the Protection of Rhine，ICPR）"，总体指挥和协调莱茵河的治理工作。其主要任务是：调查研究莱茵河污染的性质、程度和来源，提出防污具体措施，制定有关共同遵守的标准。该委员会下设若干工作组，分别负责水质监测、恢复莱茵河流域水生态系统、监控污染源等工作。于 1976 年底，签订了"盐类协定"及"化学物协定"，对恢复莱茵河水质起了重要作用。此外还定期召开莱茵河国家部长会议，汇报本国防污染计划与政策的执行情况，并制定有关防污染的协议与条约。1987 年，保护莱茵河国际委员会组织通过了"莱茵河 2000 年行动计划"，开始实施莱茵河生态系统整体恢复计划。该机构发起了一系列活动，包括拆除不合理的通航、灌溉及防洪工程，用草木绿化河岸，在部分改弯取直的人工河段恢复其自然河道等，取得了显著的成效。2000 年该委员会又制定了"莱茵河 2020 行动计划"，旨在进一步改善和巩固莱茵河流域的可持续生态系统。这项计划的主要目的是进一步完善防洪系统、改善地表水质、保护地下水等。

（三）生态型河道阶段（20 世纪 90 年代初期起）

这一阶段发达国家开始将河流保护行动计划的宏观目标定位为河流生态系统的修复，初期的目标注重重建小型河流的物理栖息地，因为河流高强度的开发利用和工程措施导致河流人工化、直线化，大坝等水利工程对河流的阻隔破坏了河流连续性，水库人工调度使许多河流丧失了水流的自然周期特征。这些对河流生态系统的胁迫已经导致了河流生态的退化，相应将重现河流自然特性作为修复目标，由此开展了理论研究和修复实践。

在这个阶段，人们开始关注生物多样性恢复的问题，河道治理要维持河流环境多样性、物种多样性及河流生态系统平衡，并逐渐恢复自然状况，注重发挥河流生态系统的整体功能，逐渐实现人和自然和谐共处。与此同时，许多国家也开始了大规模的城市河道修复运动。

20世纪80年代后期，西方国家相继开展河道的生态整治工程的实践，如美国已在密西西比河、伊利诺伊河和凯斯密河实施了生态恢复工程及密苏里河的自然化工程等。

密西西比河是洪灾较为严重的河流，历史上洪灾比较频繁。自1879至1927年起，密西西比河的治理进入了防洪和航运并重时期，进一步修筑堤防，初步建立了密西西比河下游大型堤防系统。1927年之后至20世纪80年代中后期，美国政府开始重视政策法规等非工程措施在治理中的作用，加大立法和管理的力度，密西西比河进入了工程措施和非工程措施相结合的全面整治和开发阶段。20世纪80年代中后期以来，可以看作是具有强烈的环境和生态色彩的全新意义上的密西西比河流域治理时期。密西西比河的整治所走过的历程是：避洪、防洪—治洪、简单开发综合开发和治理全面整治与开发重视治理中的环境和生态问题、融入当代流域治理理念，经历了层次渐高的不同整治阶段。

日本在20世纪90年代初开展了"创造多自然型河川计划"，提倡凡有条件的河段都应尽可能利用木桩、竹笼、卵石等天然材料来修建河堤，并将其命名为"生态河堤"。为挽救城市河流的生态，堤坝不再用水泥板修造，而是改用天然石块铺陈，还给草木自然生长的空间。在我国仅1991年，全国就开展600多处试验工程，随后对5700km的河流采用多自然型河流治理法，其中2300km为植物堤岸、1400km为石头及木材等自然材料堤岸。

二、国内河道规划建设现状

目前，国内河道景观建设已经取得了很大的成就。从理论研究到具体的工程实践的案例，综合整治已经成为当今河道改造的主题。参与河道改造和研究的人员越来越广泛，理论研究成果如董哲仁的"生态水工学"、杨海军等提出的"退化水岸带生态系统修复"均代表了这个时代河道修复的主题。各个城市也掀起了城市滨水区域改造的潮流，从仅对河道水环境污染的改善和治理到逐渐向河流生态用水、生态恢复及人工湿地的布建以及流域生态建设等方面的扩展，如潍坊白浪河、绍兴环城河整治、北京城市河道整治等水环境改善工程，都是作为各个城市主要的市政工程进行的建设。

（一）生态、景观与水利工程融合的河道理论研究

城市河道水污染具有污染源多、涉及面广的特点，有机污染、营养性污染是其污染特征，排污、排涝、泄洪是其主要功能。近20年来，人们对城市河道治理观念已经由传统的以满足防洪、排涝的要求转变为在加强河道基本功能的同时，逐步满足生态城市发展景观要求。

1.生态与水利工程融合的河道理论

从 20 世纪 90 年代起，国内一些城市开始转变传统的水环境治理思路，提出了河道生态治理的新理念。在这一方面，国内做过了大量的研究和实践，以董哲仁的"生态水工学"为代表的河道整治理论：从水文循环与生态系统间的耦合关系论述水文循环的生态学意义、河流生态修复的战略和技术问题、河流健康的评价方法、河流廊道生态工程技术、水环境修复生态工程、城市河流生态景观工程等方面着力阐述"生态水工学"，以此形成了完善的体系。

董哲仁提出了"生态水工学"的概念，他认为水工学应吸收、融合生态学的理论，建立和发展生态水工学，在满足人们对水的各种不同需求的同时，还应保证水生态系统的完整性、依存性的要求，恢复与建设洁净的水环境，实现人与自然的和谐。郑天柱等应用生态工程学理论，探讨了河道生态恢复机理，指出满足河流生态需水量是缺水地区恢复河流生态的关键，杨海军等也提出了退化水岸带生态系统修复的主要内容应包括适于生物生存的环境缀块构建研究、适于生物生存的生态修复材料研究以及水岸生态系统恢复过程中自组织机理研究。

2.景观与水利工程融合的河道理论

现今我国很多地区及城市开展了水利工程和景观环境改善的工作，并进行了大量的理论研究，如景观水利的概念。景观水利是在充分结合水利特点，综合考虑水利工程安全、水生态、水土保持、水资源利用和保护等问题的基础上，将人与自然和谐理念贯穿到水利工程建设中，注重工程建设与环境保护相统一，丰富水利工程的文化内涵，并打造精品水利。但是，往往景观规划设计师们在对某一条河道进行规划设计时，对水利工程的具体的规范、指标、防洪标准等都缺乏了解，在这一方面的理论的研究通常都是泛泛而谈，仅仅停留在表面。

（二）生态、景观与水利工程融合的河道实践

在生态、景观与水利工程融合方面，虽然还没有形成完善的理论体系，但是我国也有不少城市开始进行了生态工程技术及景观融合的探索与实践，如潍坊白浪河、绍兴环城水系生态整治、北京城市河道整治等水环境改善工程。

1.潍坊白浪河综合整治工程

白浪河发源于昌乐县大鼓山，流经昌乐、潍城、奎文、寒亭、滨海等开发区，于滨海开发区央子北入渤海莱州湾。流域地势西南高，东北低，总流域面积为 1237km²，干流长度 127km，主要由大抒河、淮河等支流汇入。淮河发源于昌乐方山，于开发区央子口入白浪河，流域面积 376km²，干流河长 40km。大圩河发源于昌乐方山交子山东麓，于寒亭双杨后岭入白浪河，流域面积 253km²，干流河长 45km。在流域内有大型水库 1座（白浪河水库），中型水库 2 座（马宋水库、符山水库）。

由于历史上曾先后三次针对白浪河防洪排涝等而兴建的水库、大坝、防洪堤，河道的防洪能力大有提高，基本上改变了历史上洪水横流成灾的局面。但是却面临着堤防标准低、穿堤、拦河建筑物破坏严重、河道滩地坍塌严重、河道行洪障碍多、阻水严重、生态景观脆弱、水质污染严重等问题，白浪河急需综合整治。

白浪河整治工程南起白浪河水库，北至北外环路，全长 23km。白浪河综合整治开发工程是潍坊市在城市建设史上规模最大、标准要求最高的工程。

（1）水利工程与生态、景观融合的规划理念

规划的主要任务包括：在白浪河现有河线、堤线的基础上，核定现有河道的行洪能力和防洪标准，分析存在的问题，制定合理的防洪排涝标准，确定防洪水位和防洪工程规模。结合开发区总体规划和生态景观要求，对白浪河提出了"一轴、两带、两区"的整体规划结构。

一轴即白浪河滨海景观轴；两岸即两岸生态景观带，尽可能地维持原有地形，前期大面积种植适应性强的树种，结合水边景观设计与周围环境和谐地融为一体的生态亲水设计；两区即 CBD 核心景观区在原有地形的基础上，通过局部回填及亲水栈道，满足原规划中天鹅蛋的造型，以大气的现代公园组成环绕都市的绿色景观带，整体创造现代、大气的都市景观，构图采用直线为主。滨水生活景观区结合周边居住用地，打造融健身、休闲于一体并富有人文气息的空间，构图采用柔和的曲线为主。

（2）生态景观岸线的布置

根据工程的总体理念，确定如下岸线布置原则：

1）尽可能保持奎水后河道的蜿蜒性，防止河流渠道化；

2）与城市规划和新城区已批准用地灰线相协调；

3）保证行洪畅通，沿河建筑物及滩地景观区域实施后，保证 50 年一遇洪水安全行洪；

4）在保证河道行洪安全和不影响生态环境的条件下，可以对河道较宽滩地进行生态景观设计，兼顾防洪效益和土地开发利用的经济效益。

基于上述原则，在白浪河规划设计中，基本保持现有河道平面形态，随弯则弯，宜宽则宽，特殊地段在保持天然河道断面不可行时，按复式断面局部调整河线，以满足河道防洪排涝的功能要求。在景观设计中，尽可能保留河边静水区和湿地，增设河滩和岸边景观等，营造多样性水域栖息地环境，使之具有不同的水深、流场和流速，以适应多种生物生存需求。

（3）CBD 核心景观区设计

CBD 核心景观区位于白浪河的入海口处，在原有地形的基础上，通过局部回填和架空码头，与核心区总体规划相协调适应，以简洁的直线条为主，整体创造现代、大气、又不失地域特色的都市景观区。

（4）滨水生活景观区设计

滨水生活景观区位于开发区最南端，在原有地形的基础上，结合周边居住用地，打造亲切、具有人文气息的滨水休闲空间，增设供居民适用的休闲广场、运动场、健身中心、游船码头、演艺广场等设施建设，丰富区内绿地空间，提升绿地使用率。

（5）生态园林景观带

充分保留河流两岸的自然地貌条件，恢复并改善沿河带的生态系统，选择抗盐碱性强的先锋树种生态湿地公园，实现盐田的再绿化，配合开渠等土壤改良方法，形成盐碱植物专类园、沙滩风情等，展现无与伦比的自然风光，使该区域成为市民和游客与大自然亲密接触的和谐空间。

在白浪河治理规划设计中，充分体现了城市河流生态景观工程的内涵，除了达到河道防洪和排涝的传统水利功能外，还力图使河流更接近自然状态，力图完善河流生态结构与功能。根据白浪河不同河段的功能要求，沿河布置以水为主题的特色景区，通过河流生态景观工程手段，创造性地构筑一道集防洪排涝、视觉景观、生态恢复和休闲观光为一体的风景线，完美地展现自然河流的美学价值，提供城市居民亲水的需求，创造了良好的人居环境，为滨海开发区的可持续发展提供良好的环境基础。

2.绍兴环城河生态整治

绍兴环城河为绍兴的主要河道，绕城四周，全长 12km，外与浙东运河、鉴湖相连，内与城区条条小河相接。随着岁月更替境况逐步不尽如人意，昔日的绍兴环城河河水变得浑浊，并散发着阵阵臭味。1999 年夏，绍兴市委、市政府决定实施城市河道综合治理，明确了"顺民众之意，举社会之力；建标准城防，促百业兴旺；治古越河道，塑名城新貌"的总体思路，并提出了"坚持高起点规划、高标准设计、高质量建设"的总体目标，建成 50 万 m² 的公园、绿化带及广场。环城河整治融防洪、城建、环保、文化旅游等功能于一体，把城防绿化建设与推进城市化进程、实施民心工程结合起来，实现了城市品位的大提升。

3.北京城市水系治理工程

1998 年以来，北京开始进行河道的综合整治工作。整治不仅进行河道防汛的加固，截污清淤，而且进行了河道景观、生态、休闲空间的建设与营造，取得了令人瞩目的成就。其中，转河、菖蒲河的综合整治最具代表性。

北京城市水系治理是以水环境治理为中心，对城市河湖水系进行综合治理。依据北京城市总体规划和市领导的要求，贯彻"统一规划、综合治理；突出重点、分期实施；先中心，后周边"的治理原则。

（1）防洪排涝

治理的目标是通过截污、清淤、护岸、水利设施改造、拆迁、绿化美化等措施，在规划市区 1040km² 范围内解决防洪、排水、水环境问题，改变治理范围内缺水、少绿的局面，保护古都水环境面貌。治理后的水系，防洪排水要能够达到 50~100 年一遇的标准，污水不再入河，水体要还清，水质一般要达到地面水环境质量 m 类水体标准，结合城市供水，河道维持一定的流量，实现长年流水。

（2）生态、景观

河湖堤岸，按规划进行绿化、美化，有条件的地段按滨河花园标准实施，这次水系综合整治工程共新增绿地面积约 150 万 m^2（其中长河、双紫支渠 65.6 万 m^2，昆明湖至玉渊潭段 83.1 万 m^2）。由于水面与绿化面积的扩大，将改善北京市缺水少绿的局面，使周边环境得到改善，使长河、昆明湖—高碑店湖河段初步形成北京市风景观赏性河道。

此外，长河至展览馆湖 5km 的河段和京密引水昆明湖到玉渊潭约 10km 的河段要具备游览通航的条件，其他有条件的河段也要分段通航，概括起来就是要实现"水清、流畅、岸绿、通航"的综合治理目标。

第三节　河道堤防工程施工总体布置原则与设计

在开展河道堤防工程施工工作的过程中，积极采用合适的施工技术，是提升河道堤防工程实际应用效果的重要方式。在河道堤防工程施工之前，施工单位需要从设计要求出发，积极组织相关人员设计河道堤防的施工方案，注重河道堤防工程施工的总体布置原则，按照一定的标准和规范开展设计工作，能够有效保障工程施工质量，促进其更加安全、稳定地运行。

一、河道堤防工程施工总体布置的原则

河道堤防工程施工过程中，积极做好组织设计工作，主要是为了有效保证堤防工程能够实现施工设计的具体要求，满足施工质量需求，针对施工进度进行全面计划，合理开展工程预算工作，促进施工任务能在安全、高效以及优质的状态下完成，因而施工设计需要全面贯穿到河道堤防工程施工全过程之中。在河道堤防工程施工总体布置中，需要遵循一定原则：

（一）科学管理原则

河道堤防工程施工总体布置，需要从科学管理角度出发，积极开展有效的设计工作，将提升工程施工的经济效益和社会效益作为重要施工依据。科学管理原则，在河道堤防工程施工总体布置之中体现，主要是施工设计工作需要从实际工程所处环境出发，将工程的地质条件、自然条件、气候状况以及工期要求等方面进行全面涵盖，从而设计出具体的施工进度计划。

（二）分期编制原则

在开展河道堤防工程总体布置组织设计工作过程中，需要从工程施工实际情况出发，从工程具体规模和复杂程度、工期要求和质量要求等方面入手，进行分期编制，这样能够有效保证每一个阶段工程施工满足相应的要求和标准。

（三）合理用地原则

河道堤防工程在实际施工过程中，将会占用较多土地，在开展施工总体布置设计过程中，需要以尽可能减少占地作为重要原则，尤其需要注意减少耕地的使用，在设置一些临时施工用地设施的时候，需要按照施工顺序和施工方法的具体要求重复，最大限度地利用当地自然环境和地理优势，发挥现有建筑物的作用和优势。

（四）要符合安全、保护环境以及消防的原则

保证河道堤防工程施工具有良好的使用效果。

二、河道堤防工程施工总体布置的具体设计步骤

河道堤防工程施工总体布置设计，对于技术要求较高，需要采用切实有效的技术作为支撑和保障。河道堤防工程施工总体布置情况的合理性，将会直接影响工程施工的总体效果。积极开展河道堤防工程施工总体布置工作，使其能够符合相应的要求和标准，对于工程施工的造价和安全性效果将会产生重要影响。河道堤防工程施工总体布置的具体设计步骤主要是包含以下几个方面：

（一）全面细致地收集、分析工程基本资料

河道堤防工程施工总体布置工作之前，需要全面深入到施工现场进行充分调查，收集到工程施工现场各项信息和数据状况以及施工技术资料；

需要绘制好施工地区地形图，将施工地区当地交通工具设施资料进行全面说明和分析；

需要针对施工现场附近的房屋进行全面分析，将房屋按照可利用和不可利用进行划分；

需要将当地建筑工程的材料和电力供应情况进行细致收集，针对河流的水文情况、施工导流情况、施工重点和施工难点等方面进行充分分析；

需要将收集到的资料进行整理，形成相应的资料系统，为工程施工总体布置设计工作提供良好的前提条件。

（二）积极编制临时建筑物的项目清单

河道堤防工程在施工的过程中，需要有很多的临时建筑物作为辅助设施，这时候就

需要实际施工中所需要的临时建筑物清单。从工程施工的实际情况和施工现场的具体条件，充分结合以往的河道堤防工程施工经验，将拟建工程临时建筑物的项目清单进行列举。在临时建筑物的项目清单之中，需要全面包括建筑物的面积、结构类型、平立面布置、工程投资等方面。编制河道堤防工程临时建筑物项目清单的时候，需要针对施工期间中各个阶段的需求进行了解和记录，减少重复和遗漏问题的出现。

（三）总体规划和设计河道堤防工程的布置情况

针对河道堤防工程的施工总体布置情况进行全面规划和设计，能够有效提升河道堤防工程的实际应用效果。总体布置环节，是河道堤防工程施工布置设计过程中的重要环节，这时候需要着重解决其中的一些重大原则问题，从河道工程的实际情况出发，选择合适的布置方式，比如说一岸布置，还是两岸布置，是分散布置还是集中布置，将河道堤防工程施工现场的交通线进行良好布置，使其能够和总体布置工作保持较好的协调性。

第四节 河道治理规划设计的原则及措施

为了促进生态水利的可持续发展，改善人们的如果质量，要对城市中的河道进行规划设计，打造良好的城市河道风貌，过程中应该积极引进生态水利工程理念，以此为基础来开展河道规划设计。城市河道的规划设计必须以水利工程的性质为依据，在保障河道的水质和水量的前提下，获得更多的与自然接触的机会，同时积极利用水利资源，美化城市的生态环境。

一、水利工程设计理念

在城市规划设计和建设的过程中，一些设计者和建设者对城市的水利工程环境造成了破坏。生态水利设计理念是一种符合生态发展的工程理念，是一种具有综合性、符合可持续发展观念的设计理念。在河道规划设计中应用生态水利工程理念，其目的在于对城市河道的质量进行改善，使河道工程具有更高的生态效益。要结合生态、安全的原则来对河道工程进行设计和规划，对城市河道正常的通航、排污、排涝效用进行保存，并使城市河道的生态系统功能性得到提高。生态水利工程理念应该将文化理念、生态理念、功能理念和人文理念结合起来，对河道周围的水文环境进行协调，对河道进行科学的设置，维持河道内的生态平衡。同时坚持以人为本，将工程需求和居民的环境需求结合起来，提高水利工程的生态效益。

二、水利工程的河道规划设计原则

（一）开发和治理并重

无论是开发还是治理都是河道规划设计的重要目的，应该秉持开发和治理并重的原则，将地区开发和景观建设联系起来，形成新的融合点。要立足于河道整治，使整个河道及其周边环境更加适合人类居住，将现代城市和河道生态景观融合起来，使城市具有更好的生活质量和环境质量，使城市居民有更多的接触自然的机会。

（二）可持续发展原则

可持续发展原则指的是基于生态水利工程的河道规划设计不仅要对当前的河道规划和治理需求进行考虑，而且还要充分地考量和研究河道规划设计会对自然生态造成的影响，以及二者的和谐程度。在保护原生态的前提下，尽量保持生态环境的稳定，保障其可持续发展，特别是保护河道及周边环境的生物多样性和生态多样性，处理好人类开发建设和自然资源之间的平衡关系。在河道规划设计时要更多地考虑规范性和科学性，在发展和布局上保留一些拓展的空间，为后续的设计规划和建设留出余地。

（三）以人为本原则

在河道规划设计的过程中，无论是工程规划建设还是景观安排都应该秉持以人为本的原则，将其作为为人类服务的载体。在规划设计时应该考虑到水利工程须具备生态保护、娱乐、生态等功能，并且在工程建设中发挥水利资源的作用，尽量减少使用人为建筑，加强对生态用地控制，使设计出的河道景观与原本的生态环境更加接近。

三、水利工程的河道规划设计措施发展

（一）提高对生态发展基础性的重视

在正式进行河道规划和设计之前应该积极收集相关资料，组织设计人员进行讨论，及时找出规划设计中存在的问题，并对规划设计进行完善。良好的河道规划设计方案应该能够对各方面的需求进行平衡，使河道、生态和休闲景观能够共同发挥作用，将三者结合起来。基于生态水利工程理念的河道规划设计具有较高的要求，因此，应该不断地完善设计方式和方法，综合考虑当地的人文气息、天气状况、景观的持久性和河道的水质等。要使水利工程、生态和景观融合起来，就必须立足于生态发展，在河道规划设计时就要考虑到水利工程会对当地今后的生态环境造成怎样的影响，综合考虑生态系统的功能和结构，对设计目标进行不断优化，使河道规划设计和自然本身能够实现融合。同时在设计中就要将景观建设的生态性功能发挥出来，并对后续的修复工作进行考虑，使

水利景观具有更强的观赏性，并保持自然景观的生态性。

（二）将市民休闲和城市景观结合起来

在河道规划设计的过程中应该充分考虑城市居民对于生活质量的要求，使当地居民能够获得亲近景观、亲近水源的机会，将景观建设和市民休闲结合起来。主要从以下几个方面进行规划设计：

1.要充分借鉴本城市的景观样式和建筑特点来进行水利工程规划设计，使得水利工程能够和城市景观相协调。

2.为了打造与众不同的城市特色，应该将市民休闲设备、城市水利工程和景观设计结合起来，给人以亲近山水之感。例如在景观规划中加入一些亭廊和座椅，并在其中加入一些富有特色的花草进行点缀，从而使生态景观水利工程项目更加具有特点，体现以人为本的原则。

设计规划河道景观的根本目的在于提升城市的形象，也就是使整个城市的品位得到提升，使城市居民获得更高的生活质量。因此，在整体改进河道时要进行区分地位，划分景观能够发挥的功能和类别，从而对生态面貌进行合理的改变。还应遵循美学规律来进行规划设计，以美学的角度来对水利工程中的各种建筑设施进行分析。

水利工程建设中最重要的部分就是驳岸和断面，这也是景观设计的关键，为了满足市民的不同需求，应该充分地考虑驳岸和断面的亲水性，可以适当地设计一些亲水平台或护岸工程，保持景观的多样化，形成富有特色的河岸景观。还可以在河道两岸设计一些河滩，这样既可以达到防洪的目的，也可以使景观的亲水性增强，满足人们的亲水、游憩、休闲的需求。

第五节　城市河道整治设计

一、我国城市河道整治的基本原则

1.河道独特性

城市河道治理目标应该和城市发展相符合，但是河道景区的各个河道护岸风格、功能分区以及景观节点等有必要突出特色，能够依据生态环境、历史文化以及沿河地区的经济等特点，将河道景观分别划分为商业区域、生态休闲以及亲水景观等，各功能的设计方案能够依据其各自的特点，避免简单与重复，充分发挥河道的风格，从而引起居民出现乏味感。

2. 防洪与生态安全

河道整治工作中,应该有效解决城市的河道生态安全与防洪排涝。城市河道整治工作不仅要解决防洪排涝安全,还要保证生态用水安全、供水安全以及水环境质量安全等。因此,河道整治应该基于生态安全,从而对原有的栖息地和生物群落进行重构和保留,进而使河流水体得到净化或者自然循环,切实达到促进河道生态系统能够可持续的发展的目的。

3. 河流自身特性

在河道整治过程中,河流自身的生物属性、生态流量、水力学特性、降解特性以及水流特性等河流的自然属性都是河道整治工作的参照标准。如果不遵循上述的原则进行城市河道整治工作,一定会留下诸多的隐患,进而导致城市河道的功能将无法充分发挥出来。

4. 截污与治污

城市河道整治工作中必须将截污与治污作为重要内容同步进行,这也是确保河道整治工作效果的关键。由于每条河道对于污水的承载能力都是有限的,当河道的纳污承载力超负荷时,河道的生态系统将会受到严重的破坏,河道整治预期的目标也将无法实现。所以,城市河道整治工作中,必须加强控制河道沿岸污水的排放,制定系统的治理方案,保证各类污水能够在达标之后再排向河道。

二、城市河道整治设计方案

(一)河道形态景观设计

河道形态景观设计是河道治理设计的基本内容,根据河道的不同形态特点可以将其分为平面、横断面以及纵剖面三部分设计内容。在进行平面设计的时候,要根据河道的天然曲线形态进行,不要对河道的弯曲方式进行过多改造,保持河道的自然美;在进行横断面设计的时候,要根据城市防洪抗涝需要对河道的宽度、高度以及水流量进行合理设计,既能在雨季做好防洪工作,保证两岸人们的生命财产安全,又能防止旱涝现象,保证河道在枯水期能够有一定的水量,因此,一般将河道断面设计为复式断面形式。断面设计中还应该在岸坡上种植不同类型的植物,在对河道景观进行美化的同时还能起到防风固土的作用。

(二)河道堤岸景观设计

河道堤岸景观设计是城市河道整治设计中的重要内容,首先应该保证堤岸的稳固性,做好堤岸的加固处理和安全防护措施,为河道抗洪需要提供重要保障。在对堤岸景观进行设计的时候,需要与城市规划紧密联系起来,结合城市发展需要和建设特点,对堤岸景观与周围建筑之间的关系进行协调，丰富堤岸植物类型，充分发挥河道堤岸景观在城市环境美化中的作用。除此之外还应该做好河道附属景观设计，搭建亲水栈桥、设置河岸绿化走廊。

（三）滩地改造设计

河道整治时，由于滩地的形态具有较强的多样性，对于滩地的设计必须因地制宜，着重滩地的改造设计工作。

1. 自然生态保护区

滩地设计时，要充分地考虑到滩地作为生物栖息场地，对处于淹没状态的河流滩地采取有效的措施进行保护，尽量维持河流的原生生物群体，为野生动物提供更好的生活环境。

2. 亲水公园

针对河流滩地宽阔的特点，滩地设计必须充分利用这一特点，修建亲水公园，将河流滩地设计为比较开阔的空间。

3. 休闲平台

河流滩地可设计为散步、休闲、垂钓的亲水休闲平台，根据河流滩地的宽阔程度，还可设计为广场，并设计座椅及雕塑等设施，再搭配适当的绿化，使河流滩地周围的景观设计更加人性化。

4. 滩地停车场

城市的发展日益加快，车辆停放问题越来越严重，可将滩地设计为停车场，缓解城市停车压力。

（四）景观生态设计之河道剖面

根据河道的自然形态，可适当设计挡水建筑，模仿瀑布的效果，形成水面落差，增强城市岸滩的景观性。挡水区域的上游可设计为水上娱乐场所，下游的急流区可设计为观赏性区域，使不同的河道形成不同的河流景色。与此同时，水面形成落差，还可使水中氧气的含量增加，对于防治水体富营养化效果显著。挡水设施的建设可应用橡胶材料等，既可以在汛期防水，对于泄洪需求也没有任何影响。

（五）河道和谐生态环境的构建

河道和谐生态环境的构建主要从两方面着手：为河道生物提供生息空间以及对水体富营养化的处理。

1. 人工生态型浮岛的建设

人工生态型浮岛是通过人工的手段，构建一个生态型的浮岛，供河道中的生物繁衍生息。浮岛中含有一些营养物质和植物，可以吸引附近的水生动物前来觅食；浮岛中的水生植物可以吸收水中的营养物质，具有一定的水质净化作用；浮岛本身的设计具有良好的观赏价值，可以供游客观赏等。

2. 水体富营养化的生物防治

水体富营养化是由于城市所排放的污水中含有大量的氮、磷等适合藻类繁殖的营养物质，使得藻类疯狂繁殖，消耗大量的氧气，使得水体氧气匮乏，大量水生动植物无法生存。而且藻类死亡以后还会生成有毒物质，对水体再次造成严重的污染，所以对水体富营养化的处理势在必行。通过生物防治的方法，对水体富营养化进行处理一般有以下两种方式：

（1）引入食藻虫，吞噬蓝藻，转化蓝藻死亡后产生的毒素，而且可以降低水中富营养化的程度。

（2）引入以浮游生物为食的鱼类，专门食用浮游生物，并顺便吸食掉水体中的细菌和营养物质，在一定程度上降低水体富营养化程度。

三、城市河道整治和生态景观设计的对策

（一）遵守自然规律，实现可持续发展

在设计城市河道的过程中，设计者要遵循自然的发展规律，保证自然生态的平衡发展，以便可以满足人类的生活需要。要切实保证自然生态的平衡，在此基础上美化河道景观，并且充分应用生态学的知识，保证足够的水体容量，实现水体的有效循环，提高河流生态系统的自我修复水平。建设生态护坡时，有效的植被空间也随之形成，可供很多生物繁衍，从而可促使城市的可持续发展。

（二）优化河道景观生态建设

城市河道建设不仅要满足人们的生活需要，改善人们的居住环境，还要重视其原本的功能。设计城市河道时，要切实关注河道的防洪排涝的功能，实现这项功能需要考虑的指标有行洪的速度、冲刷等，同时，设计河道要充分考虑到城市的植被，充分发挥树木护坡功效，实现水土平衡。

（三）合理防治水污染

随着城市化的发展，城市水污染的情况越来越严重，所以，要重视水污染的防治。针对城市的污染源来说，要采取截留管污制，集中处理污染源，并要确保其符合排放的标准后才能排放。而且，很多污染源中含有一些有毒、有害的物质，这就要求对其进行隔离，防止污染其他的水源，防止对人类造成不利的影响。

总之，河道整治设计是城市建设规划中的一项重要工作，在进行设计的时候，必须遵循设计原则，在整治河道时，要遵守自然规律，实现可持续发展，优化河道景观生态

建设，合理防治水污染，以此来保护城市的生态环境，满足居民的生活需要。

第六节　生态河道设计

生态河道设计作为生态河道治理工程中的主要研究内容之一，是治理工程建设的基础和核心，只有良好的设计才可以使建设工程更好地发挥其作用。在生态河道设计方面的研究已有很多，生态水利工程的设计理论和应用技术都有所发展。生态河道的设计内容和设计类型等问题在具体的设计中有所差异，但大致相同。

一、相关规范、法规的解读

河道具有防洪、排涝、灌溉、航运等功能，相应地也就衍生了许多的工程规范、行业法规以确保河道的这些功能发挥作用。但是，景观设计师们往往在对某条河道进行生态、景观规划设计的时候，缺乏对这些规范与法规的了解，造成了很多景观或建筑占用河道，影响河道正常功能的发挥。或者，水利工程设计师们改造的河道偏重工程化，硬质化严重，缺乏优美的城市绿地景观与生态涵养地。

河道的规划设计作为一门交叉学科，需要水利、生态、景观、旅游等各个方向的专家、学者参与。但是，目前国内河道的整治、规划设计往往只有水利或只有景观方向的人参与，难免顾此失彼，造成河道无法综合考虑水利、生态、景观方面的法规、规范等因素，使得河道改造无法朝着人们期望的方向发展。

（一）河道防洪堤外侧保护范围的划定

依据《堤防工程管理设计规范》的要求，一般依据防洪标准的不同，防洪工程保护范围也会相应变化。在堤防工程背水侧紧邻护堤地边界线以外应划定一定的区域作为工程保护范围。堤防工程保护范围的横向宽度可参照表规定的数值确定别。

表 6-1 堤防工程保护范围数值表

工程级别	1	2.3	4.5
保护范围的宽度 /m	200～300	100～200	50-100

在城市规划中，河道绿线范围的划定不能小于河道防洪堤外侧保护范围的宽度，依据每个城市的土地利用情况和河道防洪工程等的不同，会有所调整。生境的质量和物种的数量都受到廊道宽度的影响。研究结果表明，河岸植被的宽度在 30m 以上时才能有效发挥环境保护方面的功能，包括降温、过滤、控制水的流失、提高生境多样性的作用；河岸植被在 60m 的宽度，则可以满足动植物迁移和生存繁衍的需要，并起到生物多样性保护的功能，逐步构建完整的生态系统保护带。

因此，在对河道规划设计时，河岸两侧的绿线保护范围的合理划定是工作的基础，对营造良好的生态及景观效果非常重要，是规划设计时必须满足的前提条件。

（二）整治工程总体布局

1. 堤线布置遵循的原则

《堤防工程设计规范》（GB 50286—98）规定堤线布置应遵循下列原则：

（1）河堤堤线应与河势流向相适应，并与大洪水的主流线大致平行。一个河段两岸堤防的间距或一岸高地一岸堤防间的距离应大致相等，不宜突然放大或缩小（且与中水河槽岸边线大致平行）；

（2）堤线应力求平顺，各堤段平缓连接，不宜采用折线或急弯；

（3）堤防工程应尽可能利用现有堤防和有利地形，修筑在土质较好、比较稳定的滩岸上，留有适当宽度的滩地，尽可能避开软弱地基、深水地带、古河道、强透水地基；

（4）堤线应布置在占压耕地、拆迁房屋等建筑物少的地带，避开文物遗址，利于防汛抢险和工程管理；

（5）湖堤、海堤应尽可能避开强风暴潮正面袭击；

（6）海涂围堤、河口堤防及其他重要堤段的堤线布置应与地区经济和社会发展规划相协调，并应分析论证对生态环境和社会经济的影响。必要时应做河工模型试验。

2. 河道两岸堤防间距

整治河段两岸堤防间距的确定应符合下列规定：

两岸新建堤防的堤距应根据流域防洪规划分河段确定，上下游、左右岸兼顾；

应根据河道的地形、地质条件，水文泥沙特性，河道演变规律，分析不同堤距的技术经济指标，综合权衡有关自然、社会因素后分析确定；

应根据社会经济发展的要求，考虑现有水文资料系列的局限性，滩区长期的滞洪、淤积作用，生态环境保护和远期规划要求，留有余地；

受山嘴、矶头或其他建（构）筑物等影响，泄洪能力明显小于上、下游的窄河段，应采取展宽堤距或清除障碍的措施。

3. 河岸整治线的确定

规定河道整治线宜用两条平顺、圆滑线表示，一般拟定整治线的步骤和方法为：

（1）进行充分地调查研究，了解历史河势的变化规律，在河道平面图上概化出 2~3 条基本流路；

（2）根据整治目的，河道两岸国民经济各部门的要求，洪水、中水、枯水的流路情况及河势演变特点等优选出一种流路，作为整治流路；

（3）由整治河段开始逐个弯道拟定，直至整治河段末端；

（4）第一个弯道作图前首先分析来流方向，然后再分析凹岸边界条件，根据来流方向，现有河岸形状及导流方向规划第一个弯道。凹岸已有工程的，根据来流及导流方向选取能充分利用的工程规划第一个弯道，选取合适弯道半径适线，使凹岸整治线尽量多地相切于现有工程各坝头或滩岸线。按照设计河宽绘制与其平行的另一条线；

（5）接着确定下一弯道的弯顶位置，绘制下一个弯道的整治线。用公切线把上一弯道的凹（凸）岸整治线连接起来。如此绘制直至最后一个河弯；

（6）分析各弯道形态、上下弯关系、控制流势的能力、弯道位置对当地利益的兼顾程度，论证整治线的合理性，对整治线进行检查、调整、完善；

（7）必要时应进行河工模型试验，验证整治线的合理性和可行性；

（8）应依照整治线布置河道整治工程位置。坝、垛等河道整治工程头部的连线称为整治工程位置线。在进行河道整治工程位置平面布置时，首先要分析研究河势变化情况，确定最上的可能靠流部位，整治工程起点要布设到该部位以上。在整治工程的上段尽量采用较大的弯曲半径或采用与整治线相切的直线退离整治线，且不宜布置成折线，以利迎流入弯。一般情况下，整治工程中下段应与整治线重合。在工程中段采用较小的弯曲半径，在较短的弯曲段内调整水流方向，在整治工程下段，弯曲半径比中段稍大，以便顺利地送流出弯。

（三）河道内建（构）筑物建设规范

1.《堤防工程设计规范》的一般规定

（1）无论是天然河道，还是新开挖河道，都会建有或规划建设许多与河道连接和交叉的各种类型的建（构）筑物。经对我国大江、大河及新开挖的淮河入海水道、南水北调输水河道工程建设情况的调查，河道内建（构）筑物按功能、布置形式基本可分为：穿堤、跨堤、穿河、跨河、临河、拦河等类型。

（2）河道内建（构）筑物的建设数量不断增多，影响河道行洪和河床稳定，对河道的管理运用和防洪工程安全产生不利影响。因此，在河道整治设计中，必须按照规划设计的河道行洪断面和水位，进行各类建（构）筑物工程的选址和布置，合理规划，满足河道行洪、河势稳定、防洪工程安全和工程管理运用的要求。

2.《河道整治设计规范》的一般规定

（1）跨河类建（构）筑物包括横跨河道以上的管道、桥梁、桥架、渡槽、各类架空线路等。

（2）跨河类建（构）筑物应少设支墩，支墩应对称布置，尺寸、形状应利于行洪通畅、流态平稳。支墩基础顶面应低于河道整治规划河底最大冲刷线2.0m以下。对通航河道，支墩间距应满足航道要求。.

（3）跨河类建（构）筑物的上下游河岸和堤防应增做护岸、护堤工程，护岸、护堤的长度应按河道演变分析或河工模型试验成果确定。

（4）跨河类建（构）筑物中的桥梁、桥架、渡槽等的梁底必须高于所处河段的设计洪水位，并留有适当超高。不通航河道，超高不小于 2.0m；通航河道，应按规划的航道标准确定。

3.《防洪法》的一般规定

第二十二条

河道、湖泊管理范围内的土地和岸线的利用，应当符合行洪、输水的要求：禁止在河道、湖泊管理范围内建设妨碍行洪的建筑物、构筑物，倾倒垃圾、渣土，从事影响河势稳定、危害河岸堤防安全和其他妨碍河道行洪的活动；禁止在行洪河道内种植阻碍行洪的林木和高秆作物。在船舶航行可能危及堤岸安全的河段，应当限定航速。限定航速的标志，由交通主管部门与水行政主管部门商定后设置。

第二十六条

对壅水、阻水严重的桥梁、引道、码头和其他跨河工程设施，根据防洪标准，有关水行政主管部门可以报请县级以上人民政府按照国务院规定的权限责令建设单位限期改建或者拆除。

第二十七条

建设跨河、穿河、穿堤、临河的桥梁、码头、道路、渡口、管道、缆线、取水、排水等工程设施，应当符合防洪标准、岸线规划、航运要求和其他技术要求，不得危害堤防安全、影响河势稳定、妨碍行洪畅通。其可行性研究报告按照国家规定的基本建设程序报请批准前，其中的工程建设方案应当经有关水行政主管部门根据前述防洪要求审查同意。

因此，考虑到河道的行洪排涝，在对河道进行规划设计或改造的时候应该严格遵循《堤防工程设计规范》《河道整治设计规范》《防洪法》《水法》《水土保持法》等法规，特别是在河道内布置建筑，应该在做过充分论证分析的基础上，按照相关的设计规范，规划建设相关景观、生态等建筑。

（四）典型河段整治基本要求

一般微弯型的河段是较为理想的河段。但是，过度弯曲的河段有很多不利之处，不仅容易产生大强度崩岸，使大量滩地坍失，直接危及堤防、农田、村镇的安全，而且由于弯道泄水不畅，会增加洪水危害。随着河岸崩退而产生的河势变化，会使沿岸取水工程等遭淤积和冲刷，不能正常使用；河道的过度弯曲还会增加航运里程，妨碍船只行船。当对过度弯曲的河段采用防护和控导工程措施整治而不能从根本上改善河道的不利状况时，可考虑实施裁弯工程。因裁弯工程改变了河势，对上下游、左右岸的影响太大，应充分论证实施裁弯工程的必要性和可行性。

裁弯工程是一种从根本上改变河道现状的河道整治工程，要保证工程取得成功，必须认真做好裁弯工程的规划设计工作。裁弯方案的不同引河线路，在工程效益和工程投资上，差异巨大，必须进行多方案比较综合选定，必要时应通过河工模型试验，选择最优方案。

当需要系统裁弯时，个别裁弯须放在系统裁弯中统一考虑。因为裁弯使水流流路发生了根本性的变化，要使邻近裁弯的河段能够顺应河势，平顺衔接，必须统一考虑。实践表明，进行系统裁弯时，必须在一个裁弯成功之后，才能开始另一个裁弯，而裁弯顺序以自上而下为宜。

二、生态堤岸设计原则

在生态河道设计中，具体到生态堤岸的设计，依据国内外生态堤岸的成功经验，结合生态水利工程的基本原则和所设计河道特点，生态堤岸设计应遵循以下几个原则：

1. 堤岸应满足河道功能和堤防稳定的要求，降低工程造价，对应于生态水工学中安全性与经济性的原则；

2. 尽量减少工程中的刚性结构，改变堤岸设计在视觉中的审美疲劳，美化工程环境，对应于生态水利工程原则中的景观尺度与整体性原则；

3. 因地制宜原则；

4. 设置多孔性构造，为生物提供多样化生长空间，对应于生态水工学中的空间异质性原则；

5. 注重工程中材料的选择，避免发生次生污染；

6. 在设计初，要考虑人类自身的亲水性，其实质对应于生态水利工程中的景观尺度和整体性原则。

三、生态河道设计内容

河道治理工程中，在工程具体设计出具之前，我们需要对河道的流量和水位进行初步设计，这是工程设计的基础。为了保护地区安全，需要结合当地水文特点，选择符合其防洪标准的洪水流量，确定最大设计水位。需要根据通航等级或其他整治要求采用不同保证率的最低水位来设计最低水位。在叙述以下设计方案之前，首先要把河道水位设计提出来，是因为不管河道的各种设计方案如何，它都是以防洪为基础目标，在此基础上，才可以更好地进行方案设计，对各项指标要求或景观目标进行布局。

（一）河道的平面设计

对整个河道的总体平面进行设计，即线性设计，是进行生态河道建设必由之路，也是把握和控制整个系统的关键所在，其设计标准下河流的过流能力是设计最基本的要求。

目前由于人类对土地的需求过大，河道地带也不断遭受侵占，河道变得狭窄，水域面积减少，造成河道生态系统破坏，因此，在河道规划设计时，在满足排洪要求的情况下，应随着河道地形和层次的变化，宽窄直曲合理规划，以恢复河流上下游之间的连续性和伸向两岸的横向连通性，并尽量拓宽水面，既有利于减轻汛期河道的行洪压力，而且扩大了渗水面积，为微生物繁衍提供条件，给了生物更多的生存空间。同时，在补给地下水、净化大气、改变城市环境润泽舒适方面，将起到举足轻重的作用。将河道设计成趋于近自然的生态型河道，以满足人类各方面效益的需求。

在传统河道治理中，人们仅仅把河道当成泄洪的渠道，其设计仅仅满足了泄洪的需要，即以保证最大洪水安全通过。这样的目的导致的结果是河道治理简单化，仅仅是将河道取直，河床挖深，加强驳岸的牢固稳定，而忽视了河道的自然生态功能和景观功能。在违背了生态水利工程学的理念和原则的前提下，自然也违背了生态河道的理念和设计原则。对此，我们需要结合河道地势，部分河段扩宽，拆除混凝土构筑物，充分发挥空间多边、分散性的自然美，使河流处于近自然状态。这样既加强了水体的自净能力，也使水质自净化处于最佳状态。

譬如，为了水鸟等生物的生存，应该适当恢复和增加滨水湿地的面积；为了鱼类更好地繁衍生息，应该使河道有近自然状态的蜿蜒曲折，深潭和浅滩交错分布；为了陆生和两栖动物在河流和陆地之间活动方便，在河道堤沿建设时，适当地预留动物横向活动的缺口；为了使河流上下游生物之间的流动，则减少堰坝的数量，或者寻找可以替代堰坝的设计方案等等。一系列的措施付诸实践，都是需要在最初设计时考虑的问题。

设计者在设计时，如果涉及城镇区域内的河道设计，还需要考虑其景观的美学价值和社会功能。这就需要结合所规划地的具体情况，构建一些供居民亲水、近水的活动场所。

从生态学的角度来讲，符合"兵来将挡，水来土掩"的自然规律，局部环境的改善可以为生物多样性创造条件，提高生态系统的稳定性，使其健康发展。从工程学的角度来讲，河堤建设是在抗洪防汛的前提下完成的，可以有效地降低水流的流速，减小其冲击力，利于保护沿岸河堤。从水利学来讲，它满足了水利学的基本要求，达到了人们的治理目的。

（二）河道断面设计

生态河道断面设计的关键是在流过河道不同水位和水量时，河道均能够适应。如高水位洪水时不会对周边民居农田等人们的生命财产安全产生威胁，低水位枯水期可以维持河流生态需水，满足水生生物生存繁衍的基本条件。一般的设计中，在河道原有基础上，需要对河流的边坡或护岸进行整治，以使河道横断面符合设计者的要求和目的。河道断面具有多样性，最常见的有矩形断面、单级梯形及多层台阶式断面等断面结构。已有的断面结构虽然能在一定程度上为水生动植物、两栖动物及水禽类建造出适合其繁衍生息的生境，可是其局限性和不足在长时间的实践中已经显现出来，妨害了河流生态系统的健康稳定和可持续发展。

传统河道断面的设计，基本以矩形和单级梯形断面为主的混砖石凝土材料堆砌而成的高堤护岸形式，主要作用是洪水期泄洪和枯水期蓄水为主，但蓄水时，一般辅助以堰坝和橡皮坝，单独的蓄水功能很差。在河道平面设计的论述中，我们得知河堤设计时，为了陆生和两栖动物在水—陆生态系统之间自由活动，在河堤护岸设计时，需要预留适当的缺口，而在断面设计中，同样的问题亦需要我们注意，因为过高的堤岸会使陆生和两栖动物不能自由地跃上和跳下，来往于水陆生态系统之间，生物群落的繁衍生息遭受阻隔。为避免水生态系统与陆地生态系统受到人为隔离状况的产生，在设计中，梯形断面河道虽然在形式上解决了水陆生态系统的连续性问题，但亲水性较差，坡度依然较陡，断面仍在一定程度上阻碍着动物的活动和植物的生长，且景观布置差，若减小坡度，则需要增加两岸占地面积。

针对这一问题，水利设计者们设计出了复式断面，即简单概述为：在常水位以下部分采用矩形或者梯形断面，在常水位以上部分设置缓坡或者二级护岸，在枯水期水流流经主河道，洪水期允许水流漫过二级护岸，此时，过水断面陡然变大。这样的设计，不但可以满足常水位时的亲水性，还可以满足洪水位时泄洪的需求，同时也为滨水区的景观设计提供了空间，有效缓解了堤岸单面护岸的高度，使结构整体的抗力减小。另外在河道治理过程中，我们还需要断面的多样化。断面结构，很大程度上影响水流速度，从而影响水流的形式（紊流和稳流等），进而影响水体溶氧量，利于水生生物的生长和产生多样化的生物群落，造就多样化的生态景观。

尽管复式断面的产生，在很大程度上满足了基于生态水利工程学的河道治理，但是，我们仍要注重方案的执行，在细节上更进一步完善断面的宏观和微观设计。

（三）河道河床、护岸形式

河道治理中，建设符合生态要求且具有自修复功能的河道的是水利设计者的目标，这就要求我们要对河道护岸的形式加以研究，提出合理的设计方案。在绝大多数河道治理工程中，很少考虑到河床的建设，仅仅是对其进行休整、改造或修建堰坝和橡皮坝，但是，少数穿过城区河流的河床却遭受大的建设，而这些建设基本是河床硬化，使河堤和河床固为一体，满足城市泄洪的需要。建造堰坝、橡皮坝或河床硬化等等，这些措施的实施，已然产生了一系列问题，但截至目前，并没有新的有效设计方案产生，这将是我们要研究的问题。

在河道护岸形式上，我们选择生态护岸类型。生态护岸既满足河道体系的防护标准，又有利于河道系统恢复生态平衡的系统工程。常见的有栅格边坡加固技术、利用植物根系加固边坡的技术、渗水混凝土技术、生态砌块等形式的河道护岸。其共同特点是具有较大的孔隙率，能够让附着植物生长，借助植物的根系来增加堤岸坚固性。非隔水性的堤岸使地下水与河水之间自由流通，使能量和物质在整个系统内循环流动，既节约工程成本，也利用生态保护。但生态护岸的局限性是选材和构筑形式，由于材料和构筑形式与坡面防护能力息息相关，这要求设计者结合实际的坡面形式选择合适的构筑形式。

（四）生物的利用

在生态河道设计中，不但要注重形式上的设计，而且要注重对生物的利用。设计者可以以生态河道治理理论为基础，借助亲水性植物和微生物来治理水体污染和富营养化。比如设计新型堰坝，使水流产生涡流，增加水体中的含氧离子，促进水环境中原有喜氧微生物繁衍，有效降解水中的富营养化物质和污染物，同时也提高了水体自净能力。在此基础上，向河道引进原有的水生生物和亲水性植物，恢复水体中水生生物和近水性植物的多样性，如种植菖蒲、芦苇、莲等水生植物，进一步为改善河道生态环境和维护水质提供保障；在河道堤岸的设计中，要善于利用植物的特点，美化堤岸，强化堤岸的景观功能。比如在相对平缓的坡面上，可以利用生态混凝土预制块体进行铺设或直接作为护坡结构，适当种植柳树等乔木，其间夹种小叶女贞等灌木，附带些许草本植物；在较陡坡面上，可以预留方孔，在孔中种植萱草等植物，在不破坏工程质量的基础上，美化了环境，提高了堤岸的透气性和湿热交换能力，有抗冻害、受水位变化影响小等优点。

四、河道护案类型

在河道治理中，最常遇到的是生态河道治理和城市河道景观改造。生态河道治理一般是指对非城区河道的治理，但也可对城区河道进行生态治理，而城市河道景观改造主要针对城区河道而言，二者之间并无明显界限，针对具体情况而定。一般而言，生态河道治理一般要求所治理河道空间宽泛，且与周边生态系统联系密切，而农村河道基本满足其要求。对于城区河道景观的改造，如果满足空间宽泛的要求，也可对其进行生态治理，使其恢复良好的生态条件，美化人居环境。实际上，城区河道往往受制于空间限制，对其进行生态治理比较困难，因此，多数仅仅进行河道驳岸的改造。

（一）生态河道护岸类型

生态护岸工程现已在很多河道治理工程中得到应用，并总结出了一些护岸类型。总的来讲，生态型护岸就是具有恢复自然河岸功能或具有"渗透性"的护岸，它既确保了河流水体与河岸之间水分的相互交换和调节功能，同时也具备了防洪的基本功能，相比于其他一些护岸，它不但较好地满足了河道护岸工程在结构上的要求，而且也能够满足生态环境方面的要求。在生态河道治理中，生态护岸的类型有很多种，分析归纳为基本的三种形式：

1. 自然原型护岸

自然原型护岸，主要是利用植物根系来巩固河堤，以保持河岸的自然特性。利用植物根系保护河岸，简单易行、成本低廉，既满足生态环境建设需求，又可以美化河道景观，可在农村河道治理工程中优先考虑。

一般在河岸种植杨柳及芦苇、菖蒲等近水亲水性植物，以增加河岸的抗洪能力，但抗洪水能力较差，主要用于保护小河和溪流的堤岸，亦适用于坡面较缓或腹地宽大的河段。

2. 自然型护岸

自然型护岸，是指在利用植物固堤的同时，也采用石材等天然材料保护堤底，比较常用的有干砌石护岸、铅丝石笼护岸和抛石护岸等。在常水位以上坡面种植植被，实行乔灌木交错，一般用于坡面较陡或冲蚀较重的河段。

3. 复式阶级型护岸

复式阶级型护岸是在传统阶级式堤岸的基础上结合自然型护岸，利用钢筋混凝土、石块等材料，使堤岸有大的抗洪能力。一般做法是：亲水平台以下，将硬性构筑物建造成梯形箱状框架，向其中投入大量石块或其他可替代材料，建造人工鱼巢，框架外种植杨柳等，近水侧种植芦苇、菖蒲等水生植物，借用其根系，巩固堤防；亲水平台之上，采用规格适当的栅格形式的混凝土结构固岸，栅格中间预留出来，种植杨、柳等乔木，兼带花草植物。这类堤岸类型适用于防洪要求较高、腹地较小的河段。

（二）城市河道驳岸类型

城市河道的水生态规划设计已研究很多，城市河道生态驳岸具有多样性的形式和不同的适应性，其功能和组成与自然河道相比有很大不同。在城市河道景观改造中，驳岸主要有以下三种类型：

1. 立式驳岸

一般应用在水面和陆地垂直差距大或水位浮动较大的水域，或者受建筑面积限制，导致空间不足而建造的驳岸。此视觉上显得"生硬"，有进一步进行美化设计的空间。

2. 斜式驳岸

是与立式驳岸相对而言的，只是将直立的驳岸改为斜面方式，使人可以接触到水面，安全性提高，要求有足够的空间。

3. 多阶式驳岸

和堤岸类型中的复式阶级型堤岸相似度极大，但又有明显差别，建有亲水平台，亲水性更强，但同复式阶级型堤岸相比，人工化过多，单一性明显，亲水平台容易积水，忽视了人和水之间的互动关系。对水文因素和水岸受力情况分析不到而采取简单统一的固化方案，没有考虑河道的生态环境和景观，现多被生态多阶式驳岸替代，而生态多阶式驳岸与复式阶级型河堤形式基本相同。

五、河道的设计层面

在设计层面上，必须认识到河流的治理不仅要符合工程设计原理，也要符合自然生态及景观原理，即大坝、防洪堤等水利工程在设计上必须考虑生态、景观等因素。

（一）河道线形、河床设计

对于大多数渠道化的河道，由于受经济、社会和自然条件的制约，拆除堤防和其他方法来完全恢复到历史的状态是不切实际的，但在有些情况下仍有可能恢复其蜿蜒模式。

1. 河道蜿蜒性的确定

与直线化的河道相比，蜿蜒化的河道能降低河道的坡降，从而减小河道的流速和泥沙的输移能力。通过恢复河道的蜿蜒性能增加河道栖息地的质量和数量，并营造更富美感及亲水性的景观。蜿蜒度是指河段两端点之间沿河道中心轴线长度与两点之间直线长度的比值。

一般在河道改造过程中，遵循"宜宽则宽，宜弯则弯，尽量使河道保持自然的形态"的原则，但是，在具体的河道线形中，如何确定河道的蜿蜒性，怎么使河道在兼顾"宜宽则宽，宜弯则弯"的同时，还能保持河道各系统的稳定性，是设计时首先需要解决的问题。

一般在河道设计中，有关蜿蜒性恢复的方法有如下几种：

（1）参考法

即参考历史上河道的蜿蜒性状态，设计参考原有的宽度、深度、坡降和形态等，并通过历史调查、航拍或钻孔等手段获得有关技术资料；或参照具有类似地貌特征的其他流域。但是，河道生态系统等的改变具有不可逆转性，不能一味照搬原有河道模式，必须建立在大量分析河道稳定性的基础上，进行局部修复。

（2）应用经验关系

很多学者提出了不同的蜿蜒性参数和其他的地貌、水文之间的经验关系式，如Leopold（1964）等提出了蜿蜒波长一般为河道宽度的10~14倍；或按照正弦曲线样态，计算出蜿蜒河道各点的坐标来近似确定河道中心线；或采取河弯跨度，与河道平滩宽度的经验公式计算：Lm=（11.26~12.47）W。绝大多数蜿蜒河段的曲率半径与河宽之比介于1.5~4.5之间。如果计算得到的河宽跨度太长或蜿蜒河段的宽度无法达到，就需要引入其他工程措施以减小河道坡降并对河床进行加固处理。

第七节 河道景观多维设计方法

一、河道景观建设重要作用

城市河道承担了城市的防洪与抗旱功能。伴随城市建设规模的扩大，河道开挖很容易对城市发展造成严重的影响，而河道景观设计可以有效地调节城市内部环境。另外，城市的现代化建设在一定程度上增加了城市生活与工作的压力，而河道景观设计可以增加城市生活的娱乐性与休闲性，为当地旅游产业的发展提供物质保障，推进招商引资的开展，为城市经济的全面可持续发展奠定坚实的基础。

二、河道景观规划与设计原则阐释

1. 自然生态基本原则

在河道景观的设计过程中，应尽可能地保留河道原有的自然特征，一般情况下，河道蜿蜒曲折，可以使水流速度减慢，并削弱水流的侵蚀能力。与此同时，河道的凸岸、凹岸以及沙滩等可以维护河道内部生物的多样性，使河道景观更具多样性。

2. 安全性基本原则

在河道景观的设计过程中，必须将安全性作为关键基本原则，从而确保河道的防洪功能得以充分发挥，进一步推动城市的现代化建设，并为其提供必要的安全保障。

3. 自然景观与人文景观相互融合

在河道景观设计中，应深入挖掘当地独特的人文特色，并融入河道景观设计中，将自然景观与人文景观相互协调统一，使城市河道景观具备当地鲜明的人文特色。

三、河道景观多维设计方法研究

在河道景观多维设计的过程中，必须综合考虑多维设计的具体需求，并科学合理地采用多维设计方法，才能突出河道景观设计的有效性。为此，本文将通过高差和景观体系的有效融合、点位设计与方法2个方面做出相关性的研究与分析，以供参考。

1. 高差和景观体系的有效融合

河道景观设计过程中，通常需要对堤顶和常水位之间的高差进行处理，同时注意堤顶路与市政道路的距离问题。以某河规划方案为例，该河道水位差为4.5m，和外部道路之间的距离为5m，因此，在设计过程中，为了解决堤顶与路面5m的高差问题，在防洪堤顶外测拟建商业建筑，不仅解决了高差问题，同时，使河道景观满足了人们的不同需求。

2. 点位设计与方法

在岸线设计过程中，如果在水位线以下或水位线附近，可借助湿地植物作为水陆过渡带，维护水生态平衡，优化景观质量，并使水质得到净化。需要注意的是，部分植物可以不断增强水资源净化的能力，从而保证湿地作用的充分发挥，这样可形成与多样化生物共生需求相适应的水陆过渡带网。

对超过常水位的坡岸进行设计的过程中，需要综合考虑水流的速度以及地质条件等方面。如果缓坡设计高度在12.5-16m，可选择具备固土护坡功能的植物对河岸加以保护。另外，也可以借助滩地方式完成亲水平台或滨河广场的设计，然后布置休闲设施以及音乐喷泉等设施，可以充分体现各区域蕴含的文化内涵。

在滨河景观体系方面，建筑物的作用非常重要，在排布方面应顺河流而横向布置，并且遵循由低到高的基本原则，完成"V"字形排布以保证所有建筑物都具备理想的观赏视野。对于空间布局，需要确保风向与走廊的畅通性，另外，河道景观项目不同，其在水面、堤顶路、堤后路面高度等方面都有所差异，因此，空间布置必须与实际情况相结合，保证设计与规划的科学性和合理性。

四、河道景观观赏的角度与效果

1. 视线组织

河道景观设计过程中，应对对景、框景、透景等多种方式进行充分地利用，以充分体现空间的凝滞性与飞扬性等特征。另外，对地形高度差加以有效运用，可以科学合理地控制空间视线与视域，并且对观景点进行合理地选择，完成观景平台的设计，进而为观赏人员提供更理想的休息场所与观赏环境。

2. 视觉环境研究

在视觉环境研究方面，要充分考虑观赏者与景观之间的关系，通常被称作视线分类，一般包括仰视型、混合型、鸟瞰型以及划越型等。针对被观赏的景观，在观察者反向运行的情况下，会伴随双方距离的不断增加，使实际能见范围产生整体性的转化，而且细部至局部都会出现明显的改变。在河道景观设计过程中，注重观景位置与观景方式之间的关系，可以对景观元素进行深入的了解与思考，并准确地把握局部与整体的关系，特别是多维河道景观设计方面，观赏者的位置具有复杂性，需要对多种视线进行综合考虑，确保动静景观的有效结合与运用。

第七章　水利工程景观设计

第一节　水利工程景观化概述

一、水利工程景观化概念

景观作为跨学科融合的一个复杂概念，具有多学科背景下的多维度含义。地理学认为景观指一定区域内由地形、地貌、土壤、水体、植物和动物等所构成的综合体。景观生态学认为景观是由不同类型生态系统所组成、具有重复性格局的异质性单元，应看作为生态系统能源变换和物质循环的载体。而当前学术背景下，景观多以风景园林的概念被提出，被认为是"处理人类生活空间和自然的关系的，有关土地的分析、规划、设计、管理、保护和恢复的艺术和科学"。本章所提到的景观化中的景观与这一层面的理解相似，强调的是在一定的经济条件下实现的，满足社会中人的功能诉求，符合自然的规律，遵循生态原则，同时还属于艺术的范畴的一种实践，三者关系互相影响也互为依托。

基于景观的理解，景观化一词，有着顾名思义的内涵，但在近年来诸多工程景观化的研究当中却并未有具体的概念可参考，因此本节结合国内外学者的研究成果，并针对水利工程这一研究范畴，提出水利工程景观化的概念：水利工程景观化是以水利工程为对象，在满足水利工程自身功能与安全性的基础上，通过景观设计的理念与手法，结合工程技术措施，提升其在审美、生态保护、满足游憩等多方面价值的一种方法。

二、水利工程景观化的内涵挖掘

从水利工程景观化的定义出发，可以看出水利工程景观化包含审美——艺术化、生态保护——生态化、满足游憩——功能化三个层次的内容。

（一）功能化内涵

"多样性是城市的自然特征，是城市富有活力的源泉，并且指出对城市的改造应该是以激活城市的多样功能为目标，从而满足城市居民复杂的使用要求。"简·雅各布斯在《美国大城市的死与生》一书中提出的这一观点从城市角度出发，可以为水利工程景观化的功能化内涵加以注解。这里的功能化并非强调水利工程除害兴利水利功能，而是以景观的主体人为对象发展出来的符合现代景观公共性要求的公共功能。

水利工程作为一种现代基础设施，无论是在城市、郊区、乡间，遵循单一水利功能目标的发展模式，从"混合功能"的景观基础设施的定位来看，都是一种巨大的资源浪费，特别是在高密度现代城市环境内，在承载户外游憩的公共绿地开放空间本就被"压缩"的现实困境中，更加显得令人扼腕。诸多实践已经证明，水利工程具有能够承载多种综合功能的空间潜力，应当是一种更多功能拓展的重要的空间载体。这更加符合"城市固有的多样复杂性特征"，从而使其与人的关系更加紧密。从景观角度分析，不失为一种集约式经济模式下"集约式景观"的实践方向。

从水利工程的特点出发，水利工程的功能化内涵既是一种多功能的交织，也是一种时间维度上的多层次利用整合。多功能交织从水利工程的物质空间属性出发，挖掘其可提供的公共服务的可能，可从亲水游憩、科普宣教、体育开发等方面拓展。而时间上的整合则加入了水利工程的功能周期性变化的考虑，将公共功能的赋予与水利工程所引发的自身结构、自然要素的变化结合，以动态的眼光挖掘景观功能。例如排洪渠到季节性的水位变化可带来的游憩体验的不同，水闸泄洪与拦水时结构的变化也会形成不同的功能化基础。总之，水利工程的功能化内涵可总结为一种考虑时空特性的多样公共功能的整合。

（二）生态化内涵

长期以来，工程与自然之间通常被当作是一种二元对立的存在，其本质反映出了自然与技术在思想观念上的对立，水利工程作为一种重要的人工工程设施，曾与大多数工业化产品一样也一度表现出了与自然的紧张关系。不断推陈出新的技术革新在工业化大发展的时代也是为了更好地征服自然，生态成为了岌岌可危的一种漠视。

强调水利工程的生态化内涵，我们需要深刻理解"生态"的概念，虽然自生态学诞生以来，许多学者就生态概念提出了不同的见解，但生态学的基本内涵为"研究有机体与其环境之间相互关系的学科"，已得到广泛的认可。作为生态学研究对象的"生态"的基本内涵也可概括为"有机体与其环境之间的相互关系"。而这种相互关系具有重要意义，生态系统为人类提供了强大而有益的功能。尽管有学者提出人类已经具有先进的科学技术水平，有能力适应环境变化所产生的影响，但是从可持续发展的角度上讲，人类生存还是要依靠生态系统的服务功能。而水利工程在以除害兴利为目标的作用下显得"兴此"而"废彼"，所产生的生态胁迫不失为一种时间积累下的伤害。因此，水利工程生态化的内涵应从生态服务功能与生态胁迫入手，平衡水利工程水利方面防洪、灌溉、水力发电等功能与所作用的自然环境的生态功能的关系，以达到一种人与自然的双原状态。

（三）艺术化内涵

艺术化内涵从水利工程的审美价值出发，主要表现在工程审美、自然审美、文化审美三个方面：

1. 工程审美

水工建筑物是水利工程的构成实体，其设计依据首先应基于科学原理与技术手段，以工程结构的稳定性与安全性以及功能性为出发点。这种由技术与功能出发的内在逻辑的外显是工程审美的核心，而水工建筑物的实用性、技术严谨性以及精确性是工程审美魅力的主要来源，工程审美是艺术化内涵的重要基础。

2. 自然审美

水利工程以除害兴利为目标，主要以水为作用对象，进而对工程范围内的水、植物、土壤等自然要素产生了一系列的景观视觉入侵，这种干扰从某种程度上说打破了人们的自然审美体验。而水利工程所产生的生态胁迫效应也是一种从生态认识角度对自然审美的破坏。因此，水利工程应从生态化策略入手，从人们对自然审美的需求出发，重塑返璞归真的自然审美，唤醒人们对河流的原始记忆，并且应以符合生态功能逻辑的内在为其自然审美的基础。

3. 文化审美

水利工程作为一种人与自然互动的技术工具，见证着人与自然矛盾发展过程中的精神文明演变与进步，直接体现了某一区域某段时间内的文化习俗、地方精神、知识水平、技术工艺等思想文化成果。水利工程的艺术化塑造也应以此为基础体现文化审美特质，升华其内涵。

三、水利工程景观化的相关理论基础

（一）水工美学

水工建筑物是水利工程发挥功能的载体，也是水利工程景观化的核心与基础。水工建筑物属于广义建筑的范畴，具有一般建筑美学的形式美规律，但也因为水工建筑物与一般建筑物在功能、外观、结构上的巨大差异，其美学规律也有着非常鲜明的特质。水工美学与建筑美学之间具有共性也具有差异性。在这方面，刘冠美教授所著的《水工美学概论》一书是我国第一部系统研究水工美学的专著。书中也首次提出水工美学的研究范畴与定义——"水工美学研究的是山、水、水工建筑物的序列结构，是美学四载体形、光、声、色的最优配置我们应以诗心、书骨、画意、文蕴、坼理去建构水工美学，实施水利工程的水景观建设"。

在《水工美学概论》一书中刘冠美教授从中国自然山水的美学精髓中提取水工美学的理论以及方法，将水工建筑看作是山水体系中的人创造的与自然和谐相融的景观元素，并借鉴中国传统诗书画乐的美学思想，立意古典而具有包容性。这一概念的阐释与作者的学术背景有很大的关系。书中还结合了大量的不同种类的水利工程案例，详细地说明了水工建筑物构建的美学设计方法，从多个角度印证了水工美学应是在吸取建筑美学基本规律的基础上，发展出来的从自身特性出发的新式美学体系。水工美学理论的研究为水利工程景观化美学塑造方面奠定了基础。

（二）生态水利工程

随着水利工程在生态方面造成的负面影响的加深，西方发达国家以及日本极力地探寻一条融合生态与水利工程的学科体系，产生了类似生态水利的思想，并各自在实践中发展成体系。生态水工学就是在这种基础上提出的一门隶属于水利工程范畴的新兴学科。1996 年国际水理学会将生态水工部门成立为一个独立的部门。从 1996-1998 年间的三次国际生态水工学研讨会所规划之议题上可看出生态水利工程学在建立之初的几个发展方向：

1. 评估工程手段对生态的冲击；

2. 河溪栖息地调查研究；

3. 生态流量的估算；

4. 河溪栖息模式的发展；

5. 河溪栖息地恢复工程；

6. 鱼道与鱼类保护设施的设计；

7. 河溪栖息地管理等。

生态水工学的指导思想是人类与自然和谐共处，主题核心是未来的水利工程在满足人们开发利用水资源的前提下，还必须建设一个多功能的河流湖泊生态系统，实现河流湖泊的可持续利用。

自 20 世纪 90 年代起，我国在吸取了国外的生态水利思想的基础上，也开始了传统的水利工程思路的转变，大力发展生态水利工程河道治理的新理念。董哲仁在《生态水利工程原理与技术》一书中结合生态学与水利学，第一个在我国正式提出了"生态水利工程学"的概念。研究水利工程在满足人类需求的同时，兼顾淡水生态系统健康和可持续性需求的原理与技术方法的工程学。其基本思想与河流近自然化思想有相似之处。与传统水利工程不同，生态水利工程吸收生态学的理论方法，并将研究范围从水文特性和水力学特性拓展到具备生命特性的河流生态系统，提出一系列措施缓解工程对河流生态系统的胁迫效应，为河流生态修复创造条件。这一学科的理论与技术的构建，也为本章水利工程景观化生态层面上的研究提供了支撑。

（三）景观基础设施

景观基础设施是在景观都市主义大背景下提出的概念，其研究范畴具有城市的局限性。"景观都市主义"概念由查尔斯·瓦尔德海姆在 2006 年首次提出。作为一种实现旧城的空间秩序更新并融合规划、建筑、景观的新思路，这一观点的提出带来了人们对城市基础设施的重新审视，景观基础设施的概念也应运而生。景观基础设施是针对城市基础设施，运用景观的设计手法，改善基础设施对城市环境的影响，强化基础设施自身功能的发挥，并对基础设施赋予更多的综合功能，形成具有环境、经济和社会多元价值的景观与基础设施有机融合的整体。引申景观基础设施概念，笔者意在强调水利作为一种重要的城市基础设施，也应该被看作景观都市主义视角下的景观基础设施，具有承载多种综合公共功能的可塑性。景观基础设施的设计思想可以适用于水利工程景观化的实践当中。

四、水利工程景观化的原则

（一）安全性原则

水利工程需要具备稳定与安全结构，水利工程的结构稳定与安全性是保障水利功能发挥的前提。水利工程景观化应以保障和加强水利工程的安全性为第一准则，任何景观化策略的实践都不能破坏这一前提。除此之外，以塑造景观游憩场所看待水利工程，游憩安全性方面如围栏、防滑等细节也应是遵循安全性原则的重要方面。

（二）整体性原则

水利工程景观化应从时间与空间两个维度上遵循整体性原则。时间上，水利工程在规划与设计之初就应渗入景观化思想，从发挥其水利功能与实现其景观价值两方面整体设计，避免先"工程"后"景观"；而空间上，水利工程需把握好其与周边景观要素如山、水、建筑的关系，以服务为整体、提升区域景观质量的广度进行景观化塑造。

（三）功能性原则

保证水利工程自身功能的有效发挥是水利工程景观化不可逾越的底线，水利工程景观化是介入景观策略下的一种价值提升，而不是功能上的颠覆，不能本末倒置。所有景观化策略的提出都要以不影响水利功能的发挥为限制因素。与此同时，功能性原则还体现在尽可能全面地挖掘其在其他公共功能开发上的可能性，以丰富其功能维度，拓展其社会效益与经济效益。此外，以游憩功能载体看待水利工程，还应充分考虑人的游憩使用需求，重视水上建筑对人的行为活动和心理产生的影响，体现人性化理念。

（四）艺术性原则

水利工程种类多样，体量与形式也千变万化，既属于广义建筑的范畴，亦可以是一种景观要素，从任何角度看待都应该为观赏者带来审美愉悦，以艺术塑造的眼光摆脱景观视觉干扰，成为人文环境的优美风景。水利工程本身所具有的美学基础各异，体现艺术性原则应挖掘不同水利工程在美学塑造方面的潜力，并对水利工程所处的自然与人文环境的地域性进行考虑，从色彩、质感、结构创新、与景观要素整合等多个角度进行景观艺术塑造。

（五）生态性原则

水利工程建设对生态产生了诸多胁迫效应，解决这种胁迫效应要求水利工程的设计尽可能与其所作用的生态过程相协调，尽量使其对环境的负面影响达到最小，强调人与自然过程的共生与合作关系，尽可能多地借助于自然生态本身的能力，将设计融入自然过程中去，以把握水利功能的发挥与生态保护的平衡。

五、景观角度下当前水利工程建设存在的问题

（一）"机器模式"下的水利工程

在工业革命的推动下，人类社会曾走入了一个机器时代，整个世界在特定的工业发展狂潮中被工业产品包围。我国自新中国成立以来，在经济文化全面萧条的背景下，传统的水利工程建筑物跟随着工业化的浪潮成为众多"工业产物"之一。堤防、水坝、水闸一度也成了批量化生产的流水线产品，以最经济实用的面貌出现在众多河流、湖泊中，成为了标准化的"机器模式"产物。

我们不能否认，在机器模式影响下的标准化设计形式具有良好的结构稳定性与安全性，可以迅速方便地普及，从而能够快速地实现治水、用水目标，满足防洪、发电、蓄水等功能。但这种缺乏设计语言的冷漠形象，往往难以产生审美愉悦，在大多数的时候甚至会给人以枯燥、乏味的感觉，更无法为观赏者带来地域性认同方面的更深层次的审美价值，造成了景观视觉干扰，成为了环境审美的不和谐因素。因此，某些水利工程常常会被忽视，甚至被人厌恶远离。随着人们生活水平的提高，人们对室外空间质量的要求也随之提升，"机器模式"下的水利工程显然已经无法满足人们对环境审美的要求，一种针对水利工程的全新的景观艺术设计定位需要被重新思考。

（二）产生生态胁迫的水利工程

水利工程本质是一种控制和调配水资源的手段，它增强了我们改造自然满足自身需求能力的同时，也可能在无形中悄悄转变了我们对待自然的态度。从尊重到征服，在将

水体当作取之不竭的资源的时候，传统水利工程模式下，我们有时候会习惯了索取和一些手段直接的管理，这种"习惯"往往缺乏对水利工程与自然的复杂关系的思考，造成了多方面的生态胁迫：

1. 自然河流的渠道化

自然河流渠道化改变了自然水体的形态与生态属性，主要体现在三个方面：

（1）河道纵向形态的直线化

这多是出于航运与行洪的考虑，认为直线化的河流更有利于通行与快速排走洪水。同时裁弯取直还能够获取河滩地进行土地开发。自然河流的渠道化在裁弯取直的同时，也使河流失去了弯道与河滩，急流与缓流交替的格局。

（2）河道横断面几何规则化

出于行洪与通航的考虑，自然河流的复杂断面形态被设计成了若干种几何规则断面，改变了河流横断面深潭—浅滩交错的自然格局。

（3）堤防边坡与护岸材料的硬质化

防洪工程的堤防和河床护岸的迎水面常常采用混凝土、浆砌块石等建筑材料，因为这些刚性材料具有非常好的抗冲蚀性，耐久坚固。但硬质化的边坡护岸阻隔了地表水与地下水的联通，阻碍了地下水的补水过程，使大量水陆交错带的植物失去生存条件。

自然河流的渠道化破坏了河流急流与缓流交错、深潭与浅滩交错的格局，阻隔了地下水与地表水的联通。这些因素的叠加，造成了生物异质性的下降与栖息地的破坏，从而使水域生态系统的功能和结构都随之发生变化。

2. 自然河流的非连续化

河流是具有连续化结构特征的，由源头集水区的第一级河流起，流经各级河流流域，形成一个连续的流动的系统，这一系统被称为"河流连续体"。河流连续体的概念不仅仅指空间上的连续，更是生态系统中生物学过程与物理环境的连续，具有非常重要的意义。水利工程的建设引起的河流非连续化，即对河流连续体特征的破坏。

水利工程对自然河流的非连续化影响主要表现在两个方面：

（1）构筑水坝水闸等引起水流方向上的河流非连续化

水坝水闸将河流拦腰斩断，改变了连续性河流的规律，形成水库等静态水体。

（2）构筑堤防工程引起河流侧向的非连续性

堤防的建设一方面保护了人类免受洪水的侵害，另一方面也利用或破坏了对河流具有重要生态意义的河滩地，并阻碍了主流与支流的沟通。

从河流连续体概念中不难发现，河流的非连续化造成了河流连续体的丧失，会造成生物多样性锐减等一系列的负面问题的产生。

面对这些生态胁迫，我们需要认识到自然界是无数种生态力量非常复杂而又微妙的追求平衡的结果。人类作为自然的一部分，具备在一定程度上控制这些环境因素的能力，但是自然界和人的作用是动态的，具有极大的不确定性。这种过度的控制常常会令我们浪费大量的资源，并造成严重的后果。换一种思路看待问题，水利工程不是我们征服自然的手段，而应当成为在人水和谐基础上发挥自然功能的保障。

（三）单一功能目标的水利工程

传统水利工程建设中，水利工程的设计者往往采取最为经济高效的建设思路，仅重视其单一水利功能实现，这是一种长期存在的思维模式。但是，从景观基础设施的观点看待水利工程，单一功能的模式已经不符合"混合功能"的基础设施的发展趋势，其结果往往造成了间接的社会资源的浪费，甚至形成对环境的破坏抑或是无人问津的边缘地带。大量河道被截弯取直和工程硬化，以满足城市防洪的单一功能要求而使人水无法接近就是一个典型的例子。有学者曾指出"基础设施所承载的主要功能通常以一种强势的姿态排斥其他弱势功能，甚至以破坏其他功能为代价，导致其向单一功能的趋势恶性发展。这种基础设施模式实际上是一种'从危机到危机'的解决问题的方式"。单一功能的水利工程同样具有这种从危机到危机的可能性。水利工程具有承担以人为出发点的公共功能的潜力，强化这种潜力并真正转化为功能的策略也是景观的出发点之一，符合人类社会形态与构成上固有的多样复杂性特征。

当前形势下，水利工程的建设面临着机器模式、生态胁迫、单一功能局限等客观问题，而景观化策略从多维价值导向出发，化解水利工程与人、与自然的矛盾，具有现实的必要性。

第二节　水利工程景观设计的主要方法

一、水利工程与景观结合的潜力

挖掘水利工程与景观的潜力，是形成水利工程景观化核心策略的基础。本节从风景塑造、游憩需求与生态三个方面阐述水利工程与景观结合的潜力。

（一）风景塑造与水利工程的结合

1. 构成主景与标志物

主景是指在某一特定区域观景时能使人们集中视线，并成为构图中心的重点景物。在笔者的研究范畴内，它不仅仅指狭义的园林景观场所，更像是凯文林奇在《城市意象》一书中谈到的标志物概念，具有特征明显的吸引视线、提示路径的效果，更有可能成为一个地方影响力巨大的标志性景观。某些水利工程，特别是大型坝、闸等，因为体量巨大且具有表征独特性的外形条件成为了区域的主景或标志物，聚集了人们的视线，并对周边景观的形态、布局、风格等产生影响。这种主景与标志物的形成，也是其景观艺术塑造的必要性的体现。

此外，笔者读研期间参加某河流湿地公园改造项目的现场调研工作时，小组成员在沿途问路的过程中，位于城乡结合郊野段的某水闸成为了当地居民对我们进行路径引导的重要节点。这让笔者充分意识到作为公共设施的水工建筑物在人们心中的标志性地位，人们对水利工程的关注需要以景观化的方式进行回馈与加强。

2. 塑造水景

水作为水利工程的直接作用对象，是水利工程景观艺术塑造的一大关键要素。而由于与水的高度关联性，水利工程从功能出发，对水体的观赏价值产生了重要影响。可以说水利工程与水体之间在景观上呈现出了一种互为依托、互相成就的关系。

水利工程在调配和控制水资源的过程中，浑然天成地塑造了丰富的水景。水景有动静之分，静水呈现安详朴实氛围，平和收敛，给人带来心灵上的宁静，形成具有亲和力的环境与感受，某些水坝拦水形成水库，就是一种对静水景观的塑造；动水具有活跃、生动、富有生命力的特征，以势能利用与反利用的角度划分，动水又分为位能动水与势能动水，位能动水又包含利用水位的落差而形成的流水、落水、跌水、瀑布等。落差水利工程在发挥功能的时候，高差的引入塑造了天然的动水景观，例如水坝水闸在泄水的过程中产生的种类多样的落水、流水，或气势宏大、或意境灵动，各有风韵。特别是大型坝闸，巨大的势能所产生的如瀑布般的壮阔，带来了气势磅礴的美学享受，这也是一般园林场所塑造水景无法企及的。再如鱼道的设置亦可被看作为线性流水景观。当然水利工程中的动水景观是从其功能出发，有其自身功能实现的结构要求，比如水闸的单孔泄水宽度在不同的水力计算下具有相应的标准，鱼道的坡度也有基于鱼类洄游能力的要求。

另外，水利工程在水体的平面形态与层次的塑造上也具有重要影响。渠道作为水的载体，直接塑造了水体形态，而堤防与护岸等整治工程的设计也决定了水陆边界的形式，丁坝与顺坝等坝式护岸更是让水体形态变得充满韵律变化，而水闸、水坝等横跨水体的落差工程，在平面布周上产生了如桥体一般分割水面，增加水面层次的效果。

3. 水工建筑物的艺术表现力

作为一种广义上的建筑物，水工建筑一样由色彩、线条、形体等设计元素按照一定的形式美法则组合而成，只是水工建筑具有极强的结构与功能方面的限制，这对其艺术表现力具有决定性的影响。水利工程的艺术表现力可以总结为韵律美、均衡美、联想美。

（1）韵律美

水利工程的韵律美是指某种元素有规律地不断重复，有组织的变化，使构图呈现抑扬顿挫、动态和谐的美感。水工建筑在满足功能、结构、材料的要求下，其局部构造的排列具有鲜明的韵律美特征，支墩坝、渡槽的结构就充分展示了韵律美的规律。

（2）均衡美

均衡是指人们对建筑物形式诸要素之间视觉力感平衡的判定。自然界中，相对静止的物体都是遵循力学原则以安定状态存在的，这个事实使人产生了审美方面的视感平衡。水利工程因为其结构稳定性的要求，大部分都体现了对称均衡的形式美法则。

（3）联想美

形式美的一个重要特征是具有一定的抽象性，可以引起丰富联想，水工建筑从力学结构出发，形式、色彩、构成所展现的形象，亦可以让人展开充分的联想，产生"见仁见智"的美学享受。秦淮河"双门护镜闸"的名字由来就是因其汛期由机械操控打开，对称的拱形水闸浮于水面，形如潜水镜露出，而非汛期又下落拦水，隐于水中。这种戏称恰恰是联想美的具体体现。

二、水利水电工程景观的设计方法和策略

（一）水体景观的设计

水体是水利水电工程景观设计的主题。首先在上游拦河筑坝，构成大面积的静止水，然后在河坝的下游对水资源进行各种形式的处理，以形成多样化的水体景观。可以利用库区水面开创出一些水上运动，以其极高的观赏性、娱乐性和刺激性来吸引游览观光的人群。比如水上龙舟、泛舟、水上摩托等，这些都是刺激性和娱乐性较强的群众性游乐活动。

1. 静水景观的设计

（1）借助植物装饰

通常到了水库的尽头会出现一处浅水湾或死水湾，这些地方的水流非常缓慢，而且很有可能是一潭死水，因而水质极容易出现问题，滋生出许多蚊蝇和水虫，游客经过可能会有不良的体验。针对这种问题，可以在此处种植一些水生植物帮助净化水体，提高水体质量，改善周围的环境，使得水面效果更为丰富。有些水生植物，如荷花甚至还可能达到增加经济收入的效果。如果经济条件允许的话，在这些地方可以建造一些亭、阁，以供游客休憩；在岸边种植柳树，柳条倒映水中，构成美好的视觉效果。

（2）制造静水倒映景观

水库的水体一般都是大面积的静水，静态的水显得非常安宁、祥和、静怡和明朗，能够清晰明了地映射出周围的景观，使得水面和周围环境产生层次感极强的整体景观，同时给人以充分的想象空间。静止的水就像一个平面镜，能生动地反映出周围景观，可以体现其鲜艳颜色，尤其是在阳光照射下，静水面的反光和折射更是为周围景观增色不少。所以规划师制造静水倒影景观的时候，应该根据周围的景观特点进行细致的规划，

合理地配置和建设水面周围的景观，以丰富静水面倒影景观的形态。

（3）水生动物的放养

在水库中放养一些河蚌、鱼等水生动物，让它们在水库中自由自在地游动，不仅可以使得水体净化，提高水体的质量，在一定程度上还可以动静结合，增加水体观赏效果。另外，水库中的水生动物还能够在一定程度上吸引更多游客，使得游客观赏美景的同时，进行一些垂钓活动，或者是允许游客往水库中投放食材，以吸引水生动物，形成鱼儿戏水的水体效果，为游客们增添别样的情趣。

（4）设计和制造人为景观

多数的水利景点都不方便设置更多的水上运动。目前只能通过游船来增加游客的水面活动。为了使得这种单调的水利景观更为丰富，可以在静水面上建造一些凉亭、楼阁或是水榭，这样不仅在平静的水面上增加了人文景观，为游客提供了视觉上的享受，还可以为游玩疲倦的游客们提供短暂休憩和聊天的场所。

2.动水景观的设计

动态的水一般是指流动的水，比如小溪、河流和瀑布等。和静水相比，动态水更能激发人们的观赏乐趣，给人以美好的视觉享受。动态水富有活力，在精神上能够调动人的情绪，使人更加兴奋和激动。

（1）流水景观

一般在水坝的末端，或者在排放水流的入水口都会形成流水景象。若是人为地对这种流水景象进行细致规划，加以修饰和装扮，比如用水泥土进行堆砌，借助周围的山石水流弯弯曲曲，形成具有艺术特征的水流景观。

（2）落水景观

落水景象一般包括跌水和瀑布等。瀑布的形成是依赖于上游和下游之间水位的落差而形成，其气势宏大，场面壮观。可以根据动水景象规划的理念来对水坝的排水功能进行精心设计，使得水体呈现变化，充满动态感。一般来说，规模大的水库具有宽度较大、水位落差大的拦河坝，而水闸拉下排水的那一瞬间，形成了瀑布的景象，场面非常有气势。比如三峡的溢流坝长度达到了483m，大坝的中间有23个深孔和22个表孔，其目的是用来对水库内的水位做出调整，在水库水压不够的时候可以方便排洪。在水闸全部拉下放水的时候，场面非常澎湃，增添了水利景象的动态性。

（3）喷水景观

喷水景观在水利水电工程景观中最为常见，在城市的路边或是公园内，我们常常会看见一些由水体喷射而制造出来的水体景象，这种景象不仅有着较高的观赏价值，而且对城市的空气环境能够起到一定的净化和湿润作用。另外，喷射出来的小水滴和空气中的分子发生碰撞会产生一些负氧离子，使得空气的质量得以提高。

（二）水利工程建筑物景观的设计

水利工程中的建筑物的环境效应也越来越多地引起了人们的关注。在人们审美能力日益提高的今天，水利建筑不仅要有一般水利工程的蓄水防洪功能，还应该和建筑工程附近的环境相适应，构成完整协调的水利工程景观。水利建筑可以是临时性的，也可以是永久性的。其中永久性的建筑包括隧道、厂房、大坝、水闸、引水渠等，而临时性的建筑包括临时围墙、围坝、泄水道等。

1. 整体协调

在水利水电工程景观设计中，切忌过分优化和突出一个单独的景点，而忽略景观的整体效应。应该整体考虑，从宏观入手，将水利工程景观设计成一个整体上协调而又层次分明的景观。

2. 重点突出

光有整体上的协调固然不够，景观设计中还应该注重设计出重点鲜明的景观。这就要求规划师要全面对大坝和大坝的附属设施间的关系进行细致处理。其一，可以把附属设施部分隐藏起来，将大坝的主体地位突显出来。可以从色彩和形态的设计上入手，尽量减少附属设施对大坝主题的视觉冲击。其二，也可以把主体大坝和附属设施结合起来进行设计，使之在形态和颜色上协调一致。

3. 对大坝的形式进行合理安排

我们通常选择在地势较为平整的地方建设大坝。大坝的形式应该顺应周围地势，其高度应该和周围的地势高度接近，这样才不至于有太过突兀之感。目前大坝的形式主要包括了平板坝、大头坝等，这些大坝的形式经济而又美观。

第三节　基于水利工程分类的景观设计特色研究

一、景观设计层次的划分

从景观设计的理念和方法及设计的发展历程看，景观设计总的可以分为三个层次：（1）形的层次，或叫视觉景观设计；（2）运动的层次，或叫行为景观设计；（3）生态的层次，或叫生态景观设计。

在视觉景观设计中，追求形的变化与美观，注重视觉欣赏，同时在某种程度上融入三维变化，甚至只是平面性的视觉满足。平面形态设计与三维形态在某种意义上而言具有一定的联系。平面形态是一种俯视效果的鸟瞰图，而三维形态是因视点变化而引起的视觉效果，它是二维的延续。

进一步追求三维视觉效果变化和整体的环境因素，加上人的心理行为因素就形成了景观设计的第二个层次，即行为意义上的景观设计。这些设计追求以人生理机能为基础的精神满足。可以说它是三维形态的立体感受，其受限于视线的视点范围、自然习惯、行为的变动和心理与行为（生理基础）上的联系。在行为方式中同时还融入了社会心理因素、传统文化象征及因民族和种族差异引起在的欣赏层次上的不同。在这个大的层面上，设计可以有如下几个更小层次的划分：（1）形的心理效果设计；（2）形的行为效果设计；（3）意识形态的效果设计。其中意识形态的效果设计包括概念性设计、抽象设计。它注重追求某些理念，在设计中体现人的主观想法和观点，或是折射出阶级的意识形态的反应。设计中融入设计者很多的诠释，有的甚至是牵强的设计意义联系。有的就是单纯追求某种形式和手法，但设计者会赋予它某种意义和自己的理念，也就不能把它归为单纯形态的景观设计了。

属于这种行为景观设计方法的有日本枯山水和中国的古典园林。也包括早期的欧洲古典园林和一些近现代的欧美园林设计思潮，如：以野口勇为代表的将雕塑与环境相结合的环境艺术设计；以史密森、克里斯托、玛利亚等为代表的大地艺术以及后现代主义设计、结构主义、极简主义。可以说这些景观设计的手法更多是借鉴艺术和建筑的形式语言。因为艺术家的创造力总是比设计师要丰富得多，对时代的反应比设计师要敏锐得多，他们总是走在整个艺术的最前列，为建筑师、风景园林师和工艺美术师提供最富有创造力的艺术样本。从二三十年代的立体主义、超现实主义、风格派、构成主义，到60年代的大地艺术、极简艺术，都为丘奇、马克斯、沃可、施瓦茨、屈米等提供了合适的设计语言和方法。

第三个层次是生态景观设计。它是把景观设计的触角延伸到生态的层次，把景观设计作为改善和改造自然环境，提高人类与自然的协调关系的手段并形成生态的景观效果。它具有广泛的社会实践意义和学科的交叉影响，更主要的是这种景观设计的广泛性、科学性，以及它所形成的"生态景观"。生态景观设计尊重场地、因地制宜，寻求与场地和周边环境的密切联系，形成整体的设计理念。风景园林师不是在于刻意创新，更多的是在于发现，在于用专业的眼光去观察、去认识场地原有的特性。发现与认识的过程也是设计的过程。因此，最好的设计看上去就像没有经过设计一样。它是自然的一部分，是场地原有机理的一种延续。任何与生态过程相协调、尽量使其对环境的破坏影响达到最小的设计形式都可以称为生态设计。这种协调意味着设计应尊重物种的多样性，减少对资源的剥夺，保持营养和水循环，维持植物和动物栖息地的质量，以改善人居环境及生态系统的健康。生态设计重视人类社会与自然之间的和谐统一。生态设计将人作为自然的一部分，尊重自然的机理。

二、生态景观设计发展的历史背景

生态主义的设计思想可以追溯到18世纪的英国风景园，其主要原则是：自然是最好的园林设计老师。19世纪奥姆斯特德的生态思想使城市中心的大片绿地、林荫大道、充满人情味的大学校园和郊区，以及国家公园体系应运而生。本世纪三四十年代的"斯德哥尔摩学派"的公园思想，也是美学原则、生态原则和社会理想的统一。不过，这些设计思想，多是基于一种经验主义的生态观点之上。60年代末至70年代美国"宾西法尼亚学派"的兴起，为20世纪景观设计提供了科学的量化的生态工作方法。

这种思想的发展壮大不是偶然的。60年代，经济发展和城市繁荣带来了急剧增加的污染，严重的石油危机对于资本主义世界是一个严重的打击，"人类的危机"、"增长的极限"敲响了人类未来的警钟。伴随着一系列保护环境的运动兴起，人们开始考虑将自己的生活建立在对环境的尊重之上。1969年，宾西法尼亚大学风景园林和区域规划的教授麦克哈格出版了《设计结合自然》一书，在西方学术界引起了很大的轰动。这本书运用了生态学原理，研究大自然的特征，提出创造人类生存环境的新的思想基础和工作方法，成为70年代以来西方推崇的风景园林学的重要著作。麦克哈格的视线跨越整个原野，他的注意力集中在大尺度景观和环境规划上。他将整个景观作为一个生态系统。在这个系统中，地形学、地理学、地下水层、土地利用、植物、野生动物都是重要的要素。麦克哈格的理论是将风景园林提高到一个科学的高度。受环境保护主义和生态思想的影响，70年代后，风景园林设计出现了新的倾向。如在一些人造的非常现代的环境中种植一些美丽的未经驯化的野生植物，与人工构筑物形成对比。如德国卡塞尔的奥尔公园，在1981年建造了6公顷的自然保护地，为伏尔达河畔的野类鸟类提供栖息场所。近几年，在近邻德国的影响下，法国风景园林师逐渐开始注重生态观念在园林景观设计中的应用。

当然，全球生态环境的恶化问题不是光靠风景园林师就可以解决的，园林景观作品中体现出来的生态理念更多的是呼吁政府、公众关注生态环境，更多的是表明一种姿态；其次，风景园林师提出的生态理念和生态学家、环保组织提出的生态理念还是有一定的差别的。他们关注的内容虽有着一定的交叉和融合，但根本上却有不同的层面。生态学的本意就是要求设计师要更多地了解生物，认识到所有的生物都是相互依赖的，在实际上要求风景园林师具有整体的意识和小心谨慎地对待生物、环境，反对孤立的、盲目的整治行为。不能把生态理念简单地理解为大量的种树、提高绿化。此外，生态学的原理要求我们尊重自然，以自然为师研究自然的变化规律，要顺应自然，减少园林景观的维护管理成本，营建园林景观类型，避免对原有环境的彻底破坏，要尊重场地中的其他生物的需求，保护和利用好自然资源，减少能源消耗。因此荒地、废地、废墟、渗水、再生、节能、野生植物、废物的利用等等，构成园林景观设计理念中的关键词汇。

米歇尔·高哈汝说："经常与景观打交道，所以我意识到景观是在不断地演变的，而我必须融入其中。严格的意义上讲我不是进入空间，而是进入一种演变过程。"景观整治存在着彼此对立的两种态度：要么终止原有的景观演变的方式，并以新的演变方式，即设计方案去代替它；要么投入原有的景观演变之中，那么新的场地推动力将充分包含原有的演变动力。事实上并没有"一无是处"的空间，即使那些遭过多次矫揉造作般改造的，被认为是毫无特点的空间，也同样在演变，同样拥有某种动力。即使最低劣的空间，只要你有兴趣，你就会发现它在某种程度上也可以具有一些积极的方面。一切景物都属于一个彼此紧密联系的体系，也正是这个体系把景观和实体世界区分开来。连接两个实体的契约关系相对来说十分的微弱，然而景观中就不那么简单了，如果我们去掉了一些景物，就可能在多个方面上影响到原先错综复杂、彼此连接的联盟体系。就景观而言，所有的元素都是相互关联的，如果对此不了解，就会破坏各元素之间的相互的联系。假如涉及的是非自然环境，那么这种影响还不很严重，不过是原有环境的消失而已，但对于一个以生物为核心的自然环境来说，就必须小心谨慎了，否则所做的"嫁接景观"就无法成活。如果人们将场地仅仅看作是一种界面、一种中性的载体而已，在场所上可以布置很个性化、很主观的景物，就是将该场地与主观意愿相重叠。场地处于被动的地位，仅仅适合承载人们的某种意图和固有的思想体系。这种设计方法或许能产生很奇妙的景物，然而这些景物总是与环境格格不入的，总是孤立的实体。

三、生态景观设计的个案分析

哈佛大学风景园林教授乔治·哈格里夫斯的景观作品，既有诗意的成分，也有生态的成分，既有人文的成分，也有科学的成分，表现出很强的有机性和复杂性。哈格里夫斯的作品有相当一部分是"熵化"、降质场地的整治项目，这些场地大多是废弃的旧工业场地、垃圾填埋厂等。哈格里夫斯对这些场地的处理有其独到的特点和方法：在隔离那些由人类行为而造成的不可逆转的有害物质的同时，运用独特的自然观念、艺术化的造型语言和合理技术措施，将场地变成一个优质的、富于文化内涵的新景观。例如在拜斯双公园运用一个大地般的电线杆的阵列，营造一种标志化的景观，隐喻了人工和自然的结合。在特茹河和特兰考河公园中把疏浚废弃物塑造成一种波动的地形，隐喻了附近的山脉和谷地。在绿景园中依原址上的矿坑塑造了土丘及谷地，来隐喻当地的历史。哈格里夫斯没有试图使基地恢复到破坏以前的状况，也没有保留大量的被破坏的环境而使其成为工业或是历史的纪念碑，更没有将那些废弃的物质转移而在场地上另起炉灶地进行如画式的景观创作，而是考虑了基址的现实，运用艺术化的手段营造了公共活动的空间，表现出对历史和现实的双重尊重。

另外，哈格里夫斯有着近似程式化的自然观。哈格里夫斯开创了一种开放式景观设计新语言，在这种语言中"各种元素诸如水、风和重力都可以进入景观并影响景观"，展现出他对自然因素独到的感受。在烟台角文化公园中，受到经常侵袭这里的强风的启发，哈格里夫斯顺应着风的主导方向，营造了"风之门"，哈格里夫斯在这里对风和水特意进行强调，让自然因素成为景观的主角。他在设计中喜欢用乡土植物，对装饰性植物不感兴趣，在每个公园里他都创作了丰富变化的生态系统，在那里，野生的花卉和灌木能够获得应有的发展，他让公园中的植物自由地生长和消亡，所以他的许多公园常常被看作好像是没有经过设计似的，尤其是在干旱的季节里。但他坚持认为他的公园有一种挑战性的审美。因为在那些干旱的区域和低预算的情况下，这样做是对现实的一种选择，而过多的装饰性植物的养护既是昂贵的，也是耗费人力的。正是这种独特的对自然的认识，构成了哈格里夫斯设计语言的基础。哈格里夫斯认为景观是一个动态的发展过程，需用动态的观点来看待。不仅如此，在对待自然进程的问题上，哈格里夫斯还运用了现代艺术的某些创作理念，自然地进行处理，哈格里夫斯放弃对景的某些控制，而是建立一个宽泛的框架，让自然界自身管理某些细节。

第四节　水利工程景观设计的困境与未来

一、水利工程景观设计面临的困境

近年来，库区有不少农家乐和烧烤摊，还有自制竹筏漂流。节假日期间，水库非法钓鱼捕捞的行为也变多，种种行为影响着水库的水质。库区的污染物来源于农业面。其中，农药、化肥直排水库，是导致水库富营养化的主要根源。且从建造时间上来说，水库已步入"中老年"，富营养化、藻类繁殖等"疾病"也逐渐显现。众多污染源是保护水质安全的痛点。农药、化肥中的有机物随地表水流经水库成为农业面源污染；库区内近万人产生的生活污水成为典型的生活污染源；节日灯、塑料制品、酒类制造业等行业产生的废水污染是最主要的工业污染源；还有畜禽养殖、船只运行、旅游等造成的其他污染。

二、未来发展

由于鱼群有净化水质、减少绿藻复发的作用，水库每年开展增殖放流活动，同时也禁止一切垂钓捕捞鱼类行为，目的是保证水库水质良好和保护生态环境。为更好地准确防范和有效制止库区人员捕捞食用鱼类的违法行为，库区安排专业水域执法人员定期进行执法巡逻，制定"白加黑、五加二"的鱼类水域安全巡查执法工作规章制度，开展小时不间断的鱼类水域执法巡逻，每日重点围绕巡察库区两周，同时积极争取鼓励库区居民及时投诉举报。

此外，水岸线以内不允许居民生产生活，包括临时、永久建房、从事种植、养殖及其他生产活动。

距离水库出水口以内不允许修建任何建筑及从事生产生活活动。一切生产方式均应在库岸线以外进行。在此基础上，台州市财政专项拨款万元资金用于城市生态建设，租用水库周边地区和处于线以下的土地和农田以有效解决当地农业生产和面源受到严重污染的问题，并清理关停周边工厂，建设生态农村、新农村。

建设生态湿地，库区景观设计化。在其生态发展优化过程中，将生态景观和农业库区环境建设相互协调融合，达到相互配合推动、共同促进发展的农业模式。采用"保护、开发、利用"的方针，加强库区生态观光景观建设，开展造林绿化，培植森林资源，建设库区沿岸和公路沿线山地生态景观林，不断丰富库区生态景观，进一步保护森林资源，提高生态景观林、自然保护区的管护水平，优化库区自然环境。同时，通过对库区最高防洪水位线下的土地进行流转，实施退耕还林，建设库区生态景观带，优化库区生态景观。黄岩区针对几条主要的入库小溪和河流进行生态湿地工程建设，确保入库小溪和河流水质。建设水库入库溪流生态湿地是有效保障水库水生态资源和饮用水资源的重要节点。

生态湿地工程系统不仅能够有效实现脱氮除藻去磷，抑制各种藻类正常生长，而且通过各种植物自然微生物的有效协同相互作用，可有效消解由城镇村落和大型农业大棚等地区的自然面源排放污水所可能带来的各种化学农药、抗生素等各种微量持久有机化学污染物，还能够有效减少污水在采用自来水水质处理工艺制备期间可能产生的氯耗和矾耗，为群众创造健康的自然饮用水环境。

参考文献

[1] 乔吉平，孔新高．对生态水利工程规划设计的思考 [J]．城市建设理论研究：电子版，2013, (024):1-5.

[2] 陈飞，杜玲，佴永平．农田水利工程规划设计存在的问题及注意事项 [J]．科技资讯，2013(35):103.

[3] 塔娜．浅析水利工程设计中的问题与发展趋势 [J]．黑龙江科技信息，2013,(13):170.

[4] 徐枫．生态、景观与水利工程融合的河道规划设计研究 [D]．福建农林大学，2011.

[5] 芮可富．基于生态水利工程的河道规划设计初步研究 [J]．水资源开发与管理，2016(6):20.

[6] 张绍勋．基于生态水利工程的河道规划设计初步研究 [J]．农技服务，2016, 33(9):116.

[7] 吴大学．生态水利工程设计面临的问题与相关理论探讨 [J]．科研，2015(29):194-194.

[8] 李继杰．农田水利工程规划设计与灌溉技术的探讨 [J]．水利规划与设计，2015(1):6.

[9] 王斌．农田水利工程规划设计与灌溉技术的探讨 [J]．商品与质量，2016, (002):323-323.

[10] 贾明，王彦武．初探水利工程设计中的问题与发展趋势 [J]．城市建设理论研究：电子版，2013, (034):1-4.

[11] 杨艳红．生态理念应用于水利工程规划与设计中策略探讨 [J]．生态环境与保护，2021, 4(4):81-82.DOI:10.12238/eep.v4i4.1436.

[12] 史全义，赵雷阳．农田水利工程灌溉规划设计研究 [J]．建筑工程技术与设计，2016, (019):2456.DOI:10.3969/j.issn.2095-6630.2016.19.367.

[13] 林辉 汪繁荣 黄泽钧．水文及水利水电规划 [M]．水利水电，2007.

[14] 亮 王．水利工程规划中的防洪防涝设计研究 [J]．2017.

[15] 官焰波，张志路，鲁笠．水利工程规划中的防洪治涝设计研究 [J]．装饰装修天地，2019, (012):223.

[16] 邵瀚，苟胜国，李扬杰．三维 GIS 在水利工程规划设计中的应用 [C]//2018 年西

南 5 省、市、区第二次岩石力学与工程学术大会 .0[2023-09-14].

[17] 米吉提·阿布力米提 . 针对新疆农田水利工程规划设计与灌溉技术的探讨 [J]. 水电水利，2020, (5):10.

[18] 龙伟，曹庆山，张昆 . 生态水利工程技术规划设计的基本要求和措施探究 [J]. 中国战略新兴产业，2019, (004):38.

[19] 侍孝杰 . 农田水利工程灌溉规划设计 [J]. 建筑工程技术与设计，2021(5):161-162.

[20] 徐冰 . 农田水利工程灌溉规划设计的要点研究 [J]. 2021(01):241.

[21] 滕克营 . 水利工程规划设计中的环境影响及注意事项探究 [J]. 工程技术研究，2021, 3(9):74-75.

[22] 杜威 . 基于生态水利工程的河道规划设计研究 [J]. 城市情报，2022(3):0136-0138.

[23] 严兴武 . 低丘缓坡开发农田水利工程规划与设计研究 [D]. 湖南农业大学 [2023-09-14].

[24] 严琦 . 探究水利工程设计和施工中计算机技术的应用 [J]. 北京农业：下旬刊，2015(4):187.

[25] 张春厚，苏子珺 . 农田水利工程规划设计与灌溉技术的探讨 [J]. 工业 b，2015(66):17.

[26] 袁坷 . 农田水利工程规划设计与灌溉技术的探讨 [J]. 工业 C, 2015(23):116-116.

[27] 王宁，陈嵘，杨新军，等 . 基于 BIM 技术的水利工程三维设计研究与实现 [J]. 人民长江，2017, 48(B06):041.

[28] 邱红，王素芳，王茜，等 . 浅谈水利工程可行性研究报告设计方案的比选 [J]. 山东水利，2005, (005):34-35.

[29] 严兴武 . 低丘缓坡开发农田水利工程规划与设计研究 [D]. 湖南农业大学 ,2017.

[30] 郎群 . 基于灌溉需求的农田水利工程规划设计与研究 [J]. 大科技，2015, (001):146-147.